露天采煤机在露天煤矿的应用

张忠成　李　萍　著

中国矿业大学出版社

内容提要

本书主要介绍露天采煤机的结构及使用，在设计中的主要问题是一个矿山露天采煤机的应用，设计部门必须详细说明机头的选用、机头的台数、煤洞的宽度、煤洞的高度、煤洞的倾角、单节胶带机的长度、洞外工作平盘的宽度、顶上平盘的宽度、煤洞的形状、安全煤柱宽度、采煤机的工作位置、采煤机的服务年限、采煤机的生产能力等问题。本书较详细地说明了露天采煤机在矿山中使用的两种形式：露天矿边帮采煤和留梁采煤。经过详细分析比较，露天采煤机采煤方法比传统采煤方法在经济上有很大优势，同时也存在不足。安全方面必须在采煤机工作地点不能发生滑坡现象，本书详细分析了边坡稳定的影响因素及露天采煤机工作的地方必须进行边坡加固及加固的方法。露天采煤机后面必须跟人工选煤，本书详细说明了人工选煤的工作位置、选煤方法、应注意的问题及回收后硫化铁矿石的加工。本书还详细说明了露天采煤机发生事故的救援方法及必须采取的安全措施。

露天采煤机在露天煤矿中的应用是我国一个全新的课题，目前在我国应用很少，作者将自己发明的专利写于书中（4个已通过审批，1个正在审批中），专利和经济比较是本书的一大特点。

图书在版编目(CIP)数据

露天采煤机在露天煤矿的应用 / 张忠成，李萍著.
徐州：中国矿业大学出版社，2018.8
ISBN 978-7-5646-4035-4

Ⅰ.①露… Ⅱ.①张…②李… Ⅲ.①露天开采－煤矿开采－煤矿机械 Ⅳ.①TD422

中国版本图书馆CIP数据核字(2018)第151701号

书　　名 露天采煤机在露天煤矿的应用
著　　者 张忠成　李　萍
责任编辑 李　敬
出版发行 中国矿业大学出版社有限责任公司
（江苏省徐州市解放南路　邮编 221008）
营销热线 (0516)83885307　83884995
出版服务 (0516)83883937　83884920
网　　址 http://www.cumtp.com　**E-mail**:cumtpvip@cumtp.com
印　　刷 徐州中矿大印发科技有限公司
开　　本 787×1092　1/16　**印张** 8.25　**字数** 196 千字
版次印次 2018年8月第1版　2018年8月第1次印刷
定　　价 22.50元

目　录

第一章　露天采煤机 …… 1
第一节　露天采煤机工作——代序 …… 1
第二节　露天采煤机的组成 …… 3
第三节　露天采煤机的工作方式 …… 6

第二章　露天采煤机的主要工作参数及其确定 …… 13

第三章　露天采煤机工作方式之一——边帮采煤方法 …… 31
第一节　边帮采煤工艺 …… 31
第二节　边帮采煤可行性经济分析 …… 34

第四章　露天采煤机工作方式之二——留梁采煤方法 …… 57
第一节　露天矿经济初步预分析 …… 57
第二节　露天采煤机生产工艺 …… 60
第三节　留梁采煤法经济分析 …… 68
第四节　留梁采煤法设计实例 …… 68

第五章　露天采煤机工作边坡稳定性分析 …… 88
第一节　影响边坡稳定的因素 …… 88
第二节　边坡稳定性分析 …… 91

第六章　露天矿边坡预加固 …… 93
第一节　预加固分析 …… 93
第二节　加固杆件的设计 …… 96
第三节　三角形运输平台的挖掘与支护 …… 98
第四节　施工过程 …… 100
第五节　边坡预加固可行性经济分析 …… 101
第六节　边帮预加固在其他方面的应用 …… 104

第七章　露天采煤机工作中的选煤工作 …… 107
第一节　人工选煤＋胶带输送机断流器 …… 107

第二节　人工选煤＋胶带输送机断流器＋1/5 水选 …………………………………… 113
第三节　人工选煤＋胶带输送机断流器＋全部水选……………………………………… 116

第八章　煤层中选出物的综合利用……………………………………………………… 117
第一节　为增加选矿工人的积极性而回收硫化铁………………………………………… 117
第二节　为硫化铁工厂提供原料而进行硫化铁回收……………………………………… 118
第三节　从煤层废物中提取硫化铁经济可行性分析……………………………………… 118

第九章　露天采煤机事故救援……………………………………………………………… 122
第一节　非滑坡时救援方法………………………………………………………………… 122
第二节　滑坡时救援方法…………………………………………………………………… 124

第十章　露天采煤机工作的安全措施……………………………………………………… 125

第一章　露天采煤机

第一节　露天采煤机工作——代序

一、露天采煤机名字的由来

露天采煤机过去没有明确的名称，往往是根据用途临时起名，用于露天矿端帮采煤时叫端帮采煤机，用于露天矿四周采煤时（不止端帮）叫边帮采煤机，用于整个露天矿开采时叫留梁法采煤机……为了不产生歧义，本书统一叫露天采煤机。

露天采煤机最早是在井工煤矿掘进中使用的，早在作者2003年出版的《井巷工程》一书中，对这些设备已有介绍，用掘进机做机头的叫“煤巷悬臂式掘进机”，用连采机做机头的叫“连续采煤机”，2010年后有人将这些设备用于露天矿边帮采煤，就有上述几种不同的叫法，如图1-1～图1-3所示。

图1-1　横轴式掘进机

图1-2　纵轴式掘进机

图1-3　连续采煤机

二、露天采煤机的主要优势

露天采煤机的使用将给露天采矿带来革命性的变化。使用露天采煤机后，露天矿生产成本将降低1/3左右，可以说采深在300 m以内的露天煤矿，整层煤完全可以使用露天采煤机开采，经初步计算，平均剥采比等于30 m^3/t的长焰煤，按目前的售价(230元/t)税费在80元/t以下还有盈利，相当于经济合理剥采比在30 m^3/t以上。

三、存在的问题

露天采煤机用于露天矿开采后存在着许多问题。

露天矿边帮采煤，其实质是一种地下开采，其生产的危险性除了具有井工开采的一切危险以外，还多以下危险和限制：

(1) 存在边坡滑落的可能性。

(2) 露天矿煤层普遍埋藏较浅，基本处于浅层地压范围内，冒顶是容易发生的，所以露天采煤机所采出煤洞是不能有人进入的，露天采煤机的动作只能采用遥控或线控的方式，其煤洞只能是直线形的。

(3) 煤炭生产管理部门的限制。由于露天采煤机在开采过程中存在着较大的安全风险，到目前为止，各煤炭生产的管理部门还没有正式批准这种开采方法，只有少量煤矿进行试验性开采。

(4) 露天煤矿煤炭埋藏较浅，煤层顶底板岩层相比井工矿软弱，如用露天采煤机生产，必须对原机头进行改造，使其滚筒变短，其煤洞的宽度要比井工矿小。

四、露天采煤机作业的适应性

1. 适用于所有露天矿

不论是新开的露天矿或已经开采了一部分的露天矿，只要剩下的煤是整层煤，不是已被井工开采过的残煤，采用露天采煤机采出率可达80%以上，该值大于一般的中小型露天矿，这种采煤法虽然留有安全煤柱但没有边帮压煤，所以采出率更高，尤其是对露天开采境界较小的露天矿。

2. 更适合于剥采比大的露天矿

这种开采方法其实是露井联合开采的方法，它的开采成本和传统的露天开采不一样，不与平均剥采比直接挂钩，成本对生产剥采比不是那样敏感，对于剥采比大的露天煤矿它的生产成本降低得更多。

3. 排土困难，没有排土场的露天矿

很多面积很大的煤田，被人为划分为很多小露天矿后，境界内有适合露天矿开采的地方，但没有排土场或露天矿的外排土场小放不下应有外排量，要想露天开采必须重复剥离。采用露天采煤机开采可以使少量的外排土放入境界内，排土场下的煤炭一样可以采出。

4. 境界内有重要建筑物的露天矿

这里说的重要建筑物是指建筑物本身比露天煤矿重要，比如防洪渠、高速公路、岩画、高压输电线路、地表重要文物等，遇到这种情况，传统的露天矿是没有任何方法的，而用露天采煤机开采有很多时候能够采出重要建筑物下面或附近的煤炭，将对重要建筑物的影响降低很多。

5. 煤的售价较低的露天矿

露天采煤机开采必须要留有保安煤柱，但对售价较低的煤炭，其损失较少，这是显而易见的。

第二节　露天采煤机的组成

露天采煤机由机头、机身、机尾三部分组成。它是由一种井下采煤掘进设备发展而来的。

一、机头

如图 1-4 所示，机头是煤炭切割运输系统，它由一台履带车和工作装置组成，履带车前边安装有工作装置，工作装置前端是切割滚筒，滚筒上安有很多切割齿，切割滚筒在电动机的作用下转动，切割齿将煤炭从整层煤上切割下来，下部设有收集装置，将切割下来的碎煤收集起来，并耙入履带车上部的刮板运输系统，通过运输系统（运输系统通常是刮板输送机或卷龙运输机）卸到机身的胶带上。采煤机的动臂上安装有减速箱，切割动力通过减速箱后传到滚筒上，动臂的上下运动由油缸控制。采煤机处于掏槽阶段需要一个向前力，这个力主要来自履带车，完成掏槽后需要一个向下运动的力，在力的作用下，切割齿部分进入下部的煤层，这个力主要来自机器油缸和自重。掏槽位置也不一定在上部，它也可能在中部或下部，这主要由矸石所在位置和煤层各部分的硬度所决定。当然掏槽的位置在下部举升油缸就向上举。机头也可以采用以下简化画法，如图 1-5 所示。

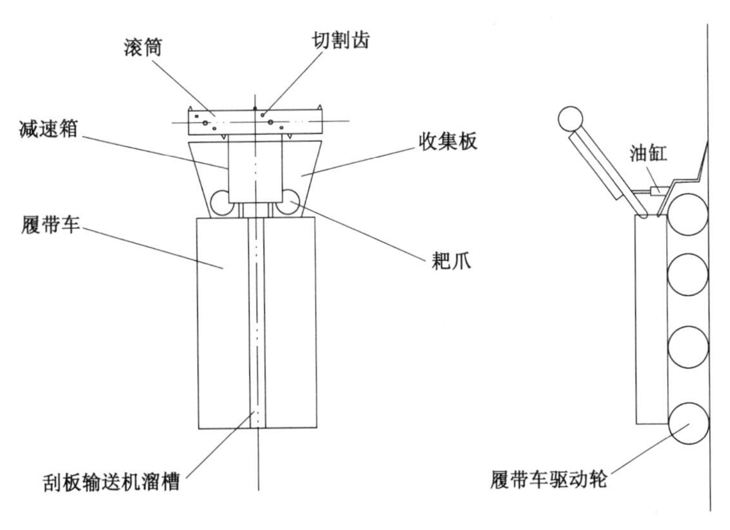

图 1-4　机头示意图

二、机身

机身是由多节可装卸胶带机组成的，如图 1-6 所示。它的主要任务是将收集起来的碎煤炭运出煤洞。机身的长度是可以任意变化的，如需加长可以多接入胶带机。机身是随机头运动的，为减少机身运行时的阻力，每节胶带机的下部都有行走装置，行走装置可

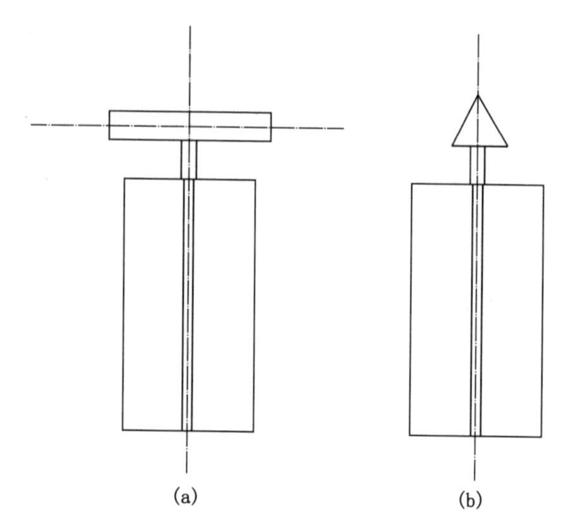

图 1-5　露天采煤机机头简化图

(a) 连采机机头；(b) 掘进机机头

以是轮子也可以是履带，一般情况下，机身是不带动力的，它的前进与后退都是由机头带动的，我们常把这种机身叫作不带行走装置的机身。在机身很长时，机身也可以部分的带动力，这只需将胶带机下部分轮子变成能够自动行走的履带车即可。机身的自动行走装置采用履带式而不采用轮胎式的主要原因有以下几个方面：

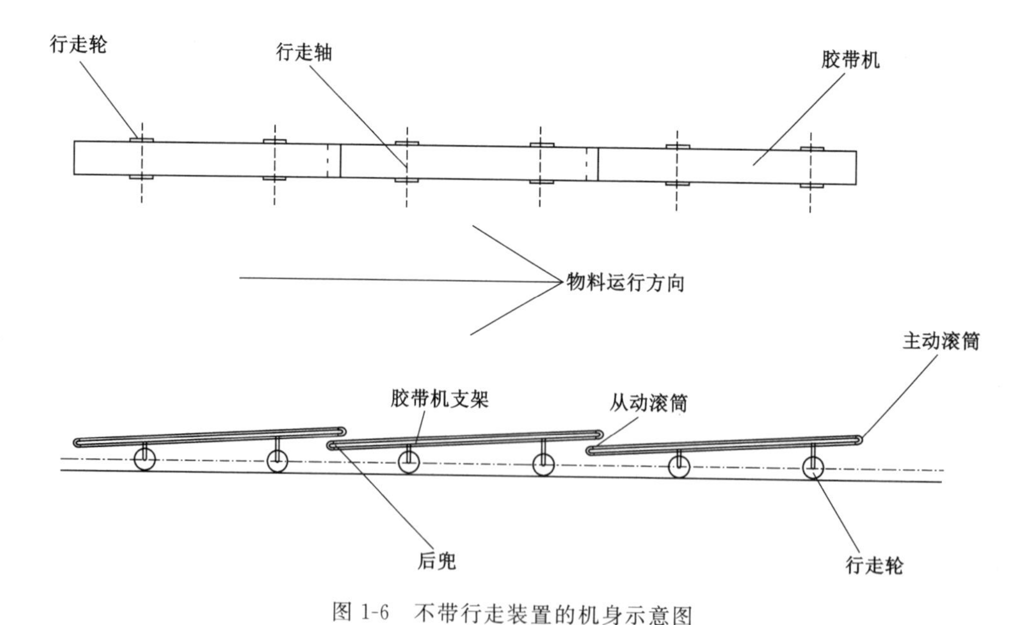

图 1-6　不带行走装置的机身示意图

（1）履带与煤层底板的摩擦系数大，在相同质量下，履带式能多牵引胶带机。

（2）履带式自动行走装置接地比压小，履带式将质量均匀分布在整个履带上，它的接地比压要比轮胎式小得多，在露天采煤机工作的环境中接地比压小有很多优势。

(3) 履带式自动行走系统牵引力大，当采煤机出现情况需要救援的时候，履带式行走装置能够将其连接的胶带拽断，从而保证其后的胶带安全退出煤洞。

(4) 履带式自动行走装置目前已有成型的设备，购买容易，而轮胎式自动行走装置用电力驱动的目前很难买到。

履带式自动行走装置见图 1-7。一个履带车能带几节胶带，要经计算确定。机身简化图见图 1-8。

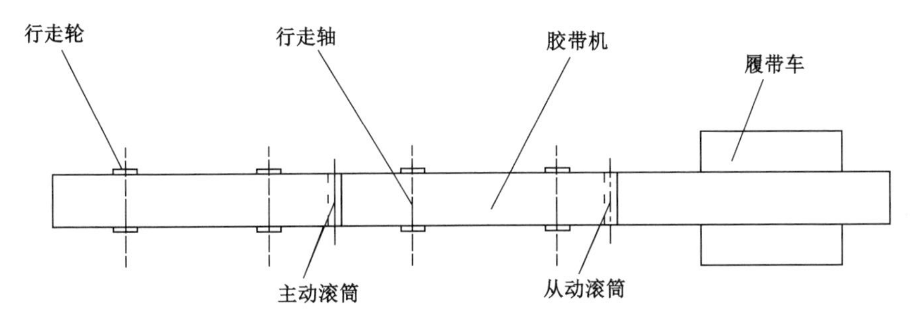

图 1-7 自带行走装置的机身示意图

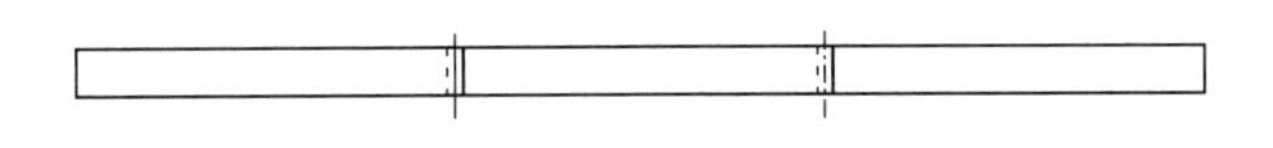

图 1-8 机身简化示意图

三、机尾

机尾主要是为了将从煤洞采出的煤炭装到矿山运输设备上或堆好。它可由两节胶带组成，为了减小煤洞处平盘宽度，两节胶带是顺台阶布置的，如图 1-9 所示。

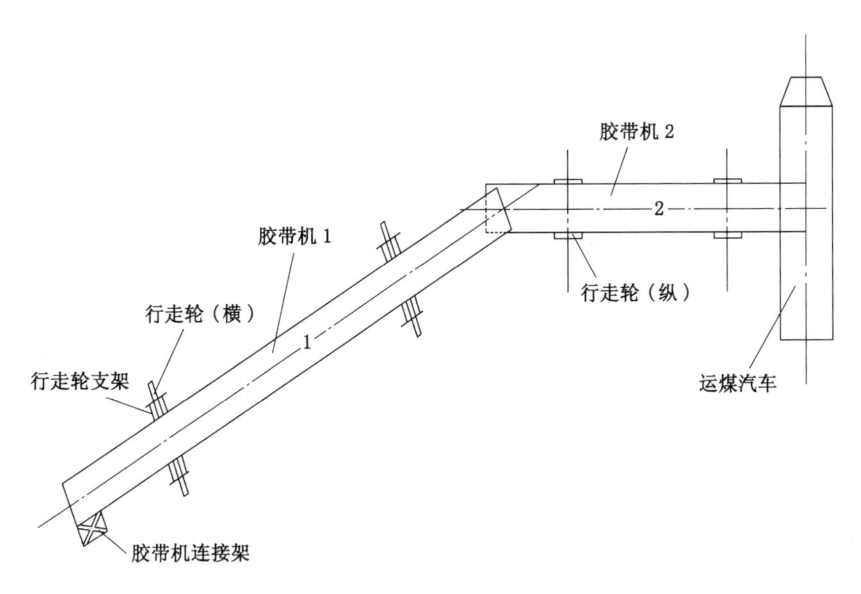

图 1-9 机尾示意图

机尾胶带机由两台组成，一台可以转动(图 1-9 中胶带机 1)，一台要升高是倾斜的(图 1-9 中胶带机 2)，其升高的高度与运输中煤堆高度有关，如果采出的煤炭需要筛分，还要将筛子的高度也考虑进去。其简化图如图 1-10 所示。

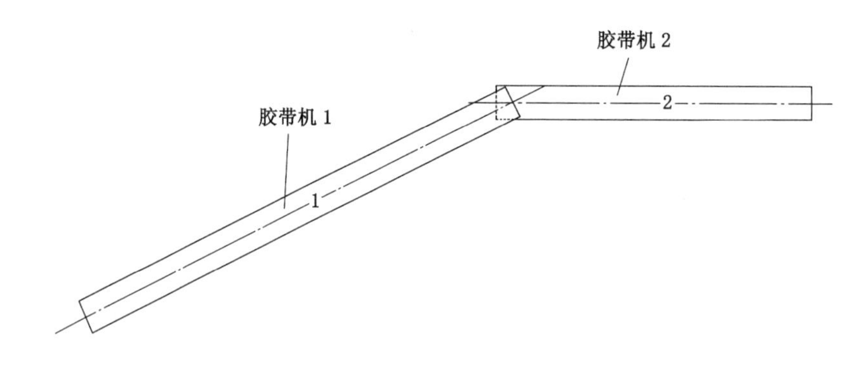

图 1-10　机尾简化图

机尾还有一个功能是选煤，采煤机的选煤是必需的：

(1) 煤层中有矸石，矸石同煤一并采出、运出。

(2) 露天采煤机有时要采多层煤，煤层间的矸石将同煤炭一起采出并运出煤洞，如果不将煤层间的夹矸一起采出，煤洞的高度就无法满足露天采煤机的要求。

(3) 为了多采煤，露天采煤机切割顶、底板的情况是经常发生的，如果将这些矸石全部混入煤中，商品煤的煤质就下降得太多了，必须采用选煤工序。

常用的选煤工序有两种：一是人工选煤，人工选煤工人站在机尾的胶带的外侧工作。二是选煤厂选煤，将采煤机采出的煤炭中不符合商品煤要求的部分，运往选煤厂选煤。

第三节　露天采煤机的工作方式

露天采煤机工作时，先将采煤机置于要开采煤层露出的沟里或工作面，只有煤层露出才能进行采煤工作。详见图 1-11。

一、露天采煤机的基本工作方式

1. 搭防护棚

露天采煤机工作时要产生震动，会有岩石或土粒，沿岩壁落下，故岩壁一定范围内必须有防护棚，保护人员和设备。防护棚的种类很多，这里着重介绍一种三角形的防护棚，其每块防护棚均为直角三角形，两块合在一起即为正方形，四块合在一起为长方形。此外，该防护棚与岩壁的夹角也可以成 45°，每一块质量轻，易于搬动，几块组合后就可以组成想要的形状。

2. 掘进采煤

在掘进新一煤层时，首先是掏槽，掏槽的位置一般在上部，槽深一般为 $D/2$(D 为滚筒直径)，掏槽结束后滚筒向下运动，采掘槽下的煤炭，详见图 1-12。

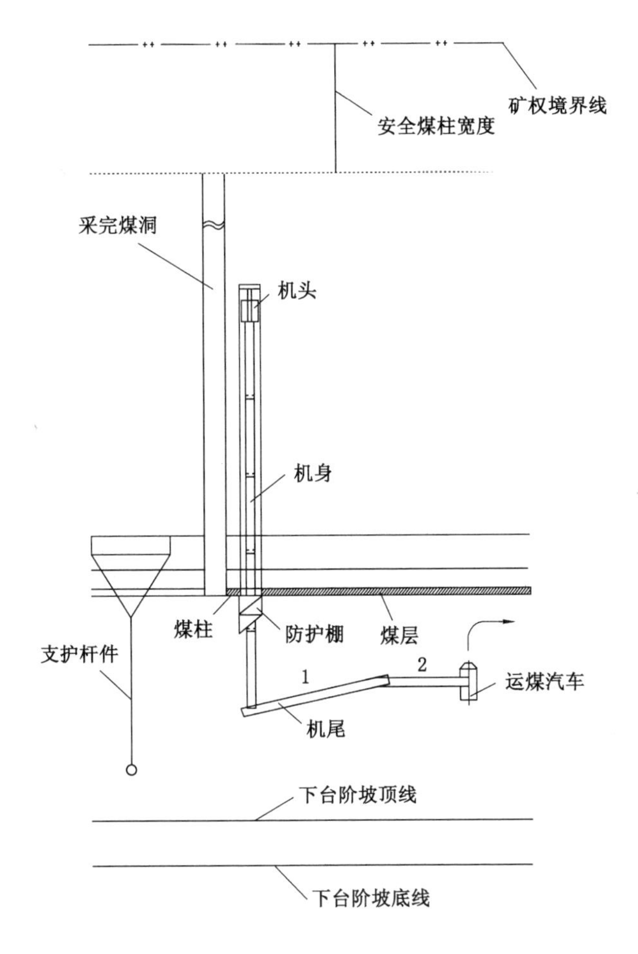

图 1-11　露天采煤机工作示意图

搭好防护棚后露天采煤机从棚的另一端进入，对煤层开始掘进，所带机身跟着机头向前移动，从煤层上切割的碎煤经收集板进入刮板输送机前端，经刮板输送机后端，卸在胶带输送机上，通过若干节胶带输送机后运出煤洞到达机尾，在机尾胶带机经人工挑选出矸石后进入装车胶带机，装车运出采坑。

3. 接胶带

当机身胶带够不着，机身最后一节胶带大部分进入煤洞，这时停止切割，停止机身各节胶带的运输，拆开机身最后一节胶带机，将机尾前节胶带推回初始位置，将新一节胶带接入机身中，连好机身与机尾胶带，再次开机，如此反复直到机头到达指定位置。

4. 卸胶带

当机头到达指定位置，停止切割后，各节胶带输送机还要继续工作一会儿，直到最后一块煤炭通过机尾。这时停止各节胶带机，卸掉机尾，机头带着机身后退，露出一节胶带就卸下一节，并将卸下的胶带机人工推至指定处存放，直到卸完为止，机头全部退出防护棚。

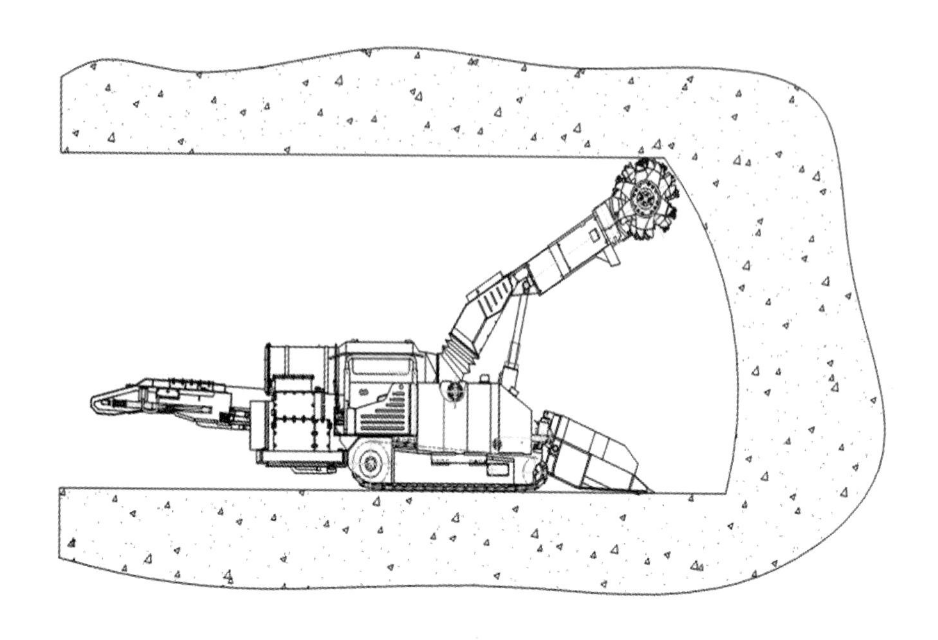

图 1-12 露天采煤机掏槽工作示意图

5. 拆旧防护棚搭新防护棚

当机头退出防护棚后，将原来的防护棚拆除，并在新的位置搭防护棚，这一循环完成后进行下一个循环。

二、露天采煤机的用途

露天采煤机主要有两种用途：一是边帮煤炭回收，二是露天煤矿全用采煤机开采。

1. 边帮煤炭回收

对于边帮煤炭回收，采用露天采煤机开采并不增加煤炭资源税和购地费(露天矿已交了)，边帮采煤机的采煤成本即为它的生产成本，只有 20 元/t 左右。该数字远低于露天矿的生产成本，更低于井工开采成本，同时还能多产出煤炭资源，提高资源利用率，增加露天矿的服务年限。

露天采煤机边帮采煤也有条状和网状两种开采方式。条状开采方式是指每个开口只出一条煤洞，煤洞两边是煤壁；网状开采方式是每个开口处出两条煤洞，却两条煤洞相互垂直。条状开采煤炭回采率较低，一般只有 60%左右；网状开采煤炭回采率较高，一般能够达到 80%左右。采煤机用于边帮开采时要尽量使用网状开采方式，当不能使用网状开采方式时(往往是因为没有开采位置)，才使用条状开采方式，这样做是为了提高煤炭的回采率。

在网状开采过程中，一条煤洞在未开采的煤层中开凿，我们称之为新煤洞，另一条煤洞在开采了新煤洞的地方进行开采，我们称之为旧煤洞，如果两条煤洞不是相互垂直，旧煤洞开采的效率将降低，煤柱也不是正方形。采用网状开采支撑煤层顶板岩石的是煤柱而不是煤墙。可参考已申请的专利的交底书。

专利交底书

说明书

边帮采煤网状回采方式

技术领域

[0001] 本发明涉及的是露天采矿边帮采煤方法中的一种。

背景技术

[0002] 常用的露天煤矿开采方式是将覆盖于煤层上面厚度达几十米至几百米的表土和岩石剥离物搬运到排土场，开始时要搬运到外排土场，当采掘场内部有足够的空间后，便开始内排。这样即形成了采掘场，而采掘场四周自然形成了阶梯式的边坡。在不同的岩石硬度情况下，边坡的稳定角度也不相同，同时边坡稳定角度与边坡出露长度、地下水对边坡的侵害程度、边坡的高度、边坡岩石的倾斜方向关系重大。露天矿最终边坡的底部压覆着大量的煤炭资源，使这些煤炭成为呆滞煤量。网状回采方式就是用边帮采煤机，在保证安全的前提下，更有效地采出这部分煤炭资源。

发明内容

[0003] 边帮采煤网状回采方式是相对于条状回采方式而提出的一种开采方法。所谓条状回采方式，是现在一种普遍使用的露天矿边帮采煤方法，该方法的特点是采煤洞垂直于边坡，机头使用掘进机或连采机落煤，用收集板将割落的煤炭收集起来，用胶带输送机将采出的煤炭运出煤洞，洞外用汽车将煤炭运至煤场，同采场采出的煤炭一起筛分、处理、计量、销售。网状采煤方式是在一个开口中开两条煤洞，两条煤洞一般成直角，特殊情况下也可以不是直角，采空区煤炭成煤柱的形态存在，而不是成煤墙状态存在(条状采煤方式采空区留下的煤柱是以煤墙的形式存在)。将条状采煤方式改为网状采煤方式最大的优点是煤炭的回收率大幅提高。

一、网状采煤比条状采煤回收率更高

(1) 在正常情况下，条状采煤方式采出的工作面回采率只有60%，而网状采煤方式回采率可达80%以上，所以在能够使用网状回采的前提下，尽量使用网状回采。

(2) 条状回采在煤矿矿权境界线内凹的地方出现死点，如图1所示。网状采煤方式没有死点，在矿权境界线内凹的地方会出现网状采煤变为条状采煤的情况，如图2所示。

(3) 在已经实现内排的露天矿，露天矿边帮露出煤层部分被内排土场所掩埋，这时边帮采煤设备介入，对已经掩埋的煤层无法回收；在条状采煤的情况下，对已经掩埋的煤层已经无法回收；在采用网状采煤以后，可以回收部分已被内排土场掩埋的煤炭，从而使边帮煤炭的回收率得到提高。

二、网状采煤比条状采煤边坡更稳定

(1) 边帮采煤采用网状方式以后，可以提高边帮的稳定性，减少边帮滑落的危险性。在回采率相同的情况下，露天矿边坡滑落多是以垂直边帮的形式出现的。换句话说，使边坡滑落的力量在边帮垂直的方向上最大。而实现网状采煤以后，煤洞与边帮坡底线是成45°的，在已经出现的边帮中，与边坡成45°坡是很少见的。这说明煤洞的方向和使边帮滑落最大力的方向成45°夹角，边帮的稳定性比条状采煤方式更好。

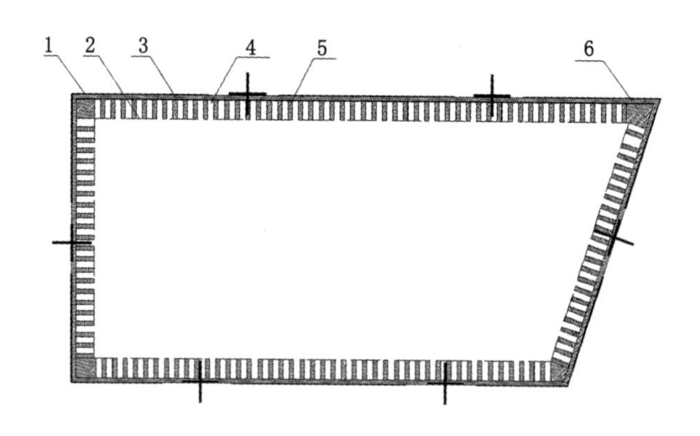

图 1　条状开采示意图

1——矿权境界线；2——矿底境界线；3——矿间安全煤柱；4——采煤洞；
5——边帮采煤安全煤墙；6——条状采煤死点（内凹边坡条状采煤采不到的地方）

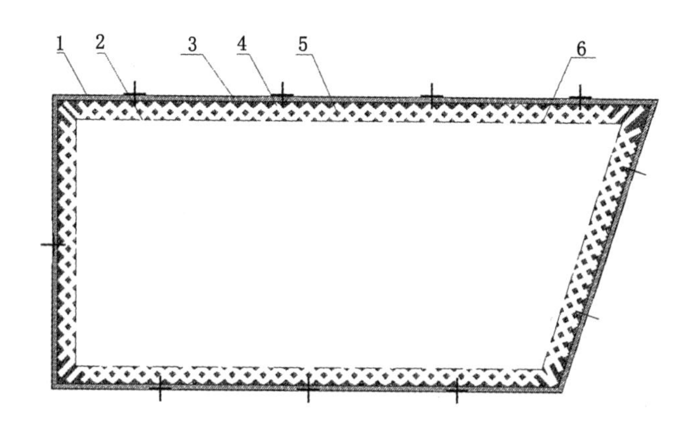

图 2　网状开采示意图

1——矿权境界线；2——矿底境界线；3——矿间安全煤柱；4——采煤洞；
5——边帮采煤安全煤柱；6——首煤柱（露天矿靠近矿底第一个煤柱）

（2）网状采煤所留煤柱比条状采煤更均匀分布，煤柱的受力方式更合理。在回采率相同的情况下，网状采煤比条状采煤对边坡更稳定。

三、关于两条煤洞

网状采煤一个开口有两条煤洞，两条煤洞的夹角对矿山很重要，一般情况下为 90°，它的好处主要是：

（1）煤柱为正方形，如果两条煤洞的夹角不是直角，煤柱则为平行四边形，在平面面积一样的情况下，正方形的抗压能力比平行四边形要强要大，正方形的边角远比锐角的边角坚固，不易损坏。

（2）两条煤洞为直角，一条为新开煤洞，另一条为已采煤洞。新煤洞在开采之初很小范围为斜采外，其余部分也是平采。已采煤洞如果和煤墙不是正对，在采每个墙时都是斜采，这将极大地影响采煤机的效率。斜采时不是整个截割滚筒同时与煤炭接触，而是一头与煤炭接触，逐渐扩大到整个滚筒，所以截割效率低。

(3) 网状采煤两条煤洞不为直角时，在实际中，计量角度也比较困难，如果一条煤洞不与上一条平行，因为煤洞较长会出现两条煤洞打通的情况，给矿山安全带来极大危险。

网状回采的两条煤洞也不是任何时候都成直角，在特殊情况下也可能非直角，比如已经进行过条状开采，再变为网状开采时，其夹角就不可能是直角。凡是一个开口出两条煤洞，不论两条煤洞是否垂直，都是本专利保护的内容。

网状采煤方式也不是每个开口都出两条煤洞，有时根据煤柱所承受的压力变化，可出现隔一个开口或两个开口出现一个或两个煤洞的情况。这也是本专利保护的范围。

四、关于首煤柱

正常情况下，最外一个煤柱我们称为首煤柱。首煤柱是三角形的，煤柱偏小，为了加大最外煤柱的平面面积，可以采用一些方法，煤洞宽度都在 2.5 m 以上，而采煤机的宽度和后面胶带的宽度比该值要小，为了加大第一个煤柱的体积，采煤机先垂直坡底线切割一定深度，开口处的宽度(1.42 倍煤洞宽度)按正常情况下进行。

[0004]　本采煤方法适用于露天煤矿终帮上所有煤层，当煤层厚度小于机器高度时，需要切割顶板或底板岩石，使其煤洞的高度高于机器的高度。在露天矿边坡多煤层的情况下，本着先上后下的原则，先开采最上部煤层，最后开采最下部煤层，如果煤层顶板岩石的稳定性不好时，煤洞的宽度和横截面形状必须发生变化，煤洞的宽度需要变窄，截面形状由矩形变为其他形状，以保证煤洞不发生冒顶和鼓底现象。煤层的倾角由机头决定，在目前情况下，机头适用于煤层的倾角，在$-17°\sim+17°$之间。

[0005]　本发明要解决的技术问题由如下方案来实现：边帮采煤网状回收方式是回收露天煤矿最终边帮上煤的采煤方法之一，相对于条状采煤方法它具有回采率高和安全性能好的特点。其特征是：部分一个开口有两条煤洞，网状回采方式采后煤柱是柱状而非煤墙。有时为加大首个煤柱的尺寸，先垂直坡底线进入一部分，但煤洞的宽度要是正常宽度的 1.42 倍，然后再分为两个煤洞。

[0006]　回收露天煤矿终帮的采煤方法采用掘进机(或连采机)—胶带输送机采煤工艺进行掘进采煤。掘进机(或连采机)—胶带输送机的操作系统全部采用远程控制技术、导航定位技术、远程视频监控技术有效结合在一起进行采煤，实现了各直线形煤巷道形成过程中，直线形煤巷道内完全在无人状态下掘进机机头安全地自动上下、左右、前进、后退、正转、反转切割煤层，胶带输送机自动向外输送煤炭。操作人员坐在直线形煤巷道外部设置的监控室视屏前清楚地可见掘进机(或连采机)—胶带输送机工作的情况及直线形煤巷道的压力情况，并适时进行远程控制、导航定位操作。

[0007]　相对于现状边帮采煤的方式，网状边帮采煤的优点是：

(1) 提高煤炭的回收率：

① 网状回收率本身高于条状回收率，能够实现网状回收的地方首先采用网状回收方式。

② 可以多回收现状不能回收的四角煤炭。

③ 在已实现部分内排的露天矿中可部分回收剥离物已压住已出露煤层中的煤炭。

(2) 网状回收相对于条状回收对边坡更安全。

① 煤洞的方向与常见的滑坡方向成一定夹角。而条状煤洞方向与滑坡方向一致，增

加了边坡的危险性。

② 在煤炭回收率一样的条件下，网状采煤煤柱分布更合理，增加了边坡的稳定性。

附图说明：

[0008] 图 1 是露天煤矿边帮采煤条状回采方式示意图。

[0009] 图 2 是露天煤矿边帮采煤网状回采方式示意图。

2. 露天矿正常生产

露天采煤机可用于露天矿整个开采过程，而不是只开采露天矿边帮的煤炭资源。

先在露天煤矿开两条十字形的沟道，其深度已达煤层顶板后再向下采一个采煤机的采深，沟底宽度要达到采煤机要求的工作平盘宽度。当开采多层煤时，中间层一节胶带长度为 10～12 m，采煤机要求的最小工作平盘宽度为 35 m，当开采到矿底时(缓倾斜煤层矿底往往很宽)胶带机长度为 20～25 m，最小工作平盘宽度为 60 m 左右。

(1) 厚煤层开采

当煤层厚度超过采煤机最大开采厚度，需将煤层进行分层开采，一个厚煤层分几段开采，要依实际情况而定，每段煤层的厚度就目前而言，不要超过 3.5 m 而不是设备最大开采深度，采煤机在最大开采厚度条件下工作效率较低。

(2) 全矿网状开采与边帮采煤的不同

全露天矿使用露天采煤机开采与边帮用露天采煤机开采不同，特别是网状开采方式。全矿使用露天采煤机开采，其范围远大于边帮采煤机开采，如果也像边帮采煤机一样实行网状开采，将严重影响其他采煤机的工作。网状开采时不是一个开口出两套煤洞，而是只出一条煤洞，当一系列新煤洞到界后，在十字沟另一条沟再进行开采。

先在十字沟的一方向上开采新煤洞再将工作线转 90°开采旧煤洞，形成网状开采方式，以提高回采率(先横后竖也可以先竖后横)。当同一水平的横竖都开采完了再将沟道向下延深开采下一层。

对已经开采了一部分的露天矿，矿山工程已经延深到矿底，这样露天采煤机的工作位置已经形成，只需在垂直方向再掘一条沟即可。

掘十字沟的位置，要选择在地形较低的地方，如冲沟等地，这样可减少掘十字沟的工作量。没有冲沟的矿，十字沟尽量掘在矿田中间，这样可以使煤洞的长度均衡，降低煤炭在洞内的运输成本。

不论采用哪种方式，都应对沟道边坡实行预加固，采用圆弧钢筋水泥桩加固，提高沟道边坡角，减少沟道挖掘的工作量，同时更容易搞清楚露天矿边帮的受力情况，通过水泥杆件的应变，可以清楚地知道边坡受力情况，当边坡受力接近极限时，及时撤出煤洞中的设备，进一步保证作业安全。

第二章　露天采煤机的主要工作参数及其确定

一、机头的选用

露天采煤机的主要部分为机头，目前机头有两种型式，一种是用掘进机，另一种是用连采机，掘进机主要技术性能详见表2-1，连采机主要技术参数见表2-2，设计选用哪种机头要根据情况而定。

表2-1　　我国煤巷悬臂式掘进机主要技术性能

技术参数	AM50	S-100	EBJ-120TP	EBZ160TY	S150J	ELMB-75C	EBJ-160SH
掘进断面/m^2	6～18	8～23	8～18	9～21	9～23	6～17	8～24
可截割硬度/MPa	60	70	60	80	80	70	80～100
质量/t	26.8	27.0	36.0	51.5	44.6	23.4	53
总功率/kW	174	145	190	250	205	130	314
截割功率/kW	100	100	120	160	150/80	75	160
适应坡度/(°)	16	16	16	16	16	16	16
系统压力/MPa	16	16	16	23	16	16	16
外形尺寸/(m×m×m)	7.5×2.1×1.65	12.2×2.8×1.8	8.6×2.1×1.55	9.8×2.55×1.7	9.0×2.8×1.8	8.22×2.5×1.56	10.8×2.7×1.5

表2-2　　连续采煤机主要技术参数

技术参数	JOY公司						LAD公司
	12ED15	12CM15-10D	12CM18-10D	12CM18-10B	12CM27-10E	12CM27-11E	CM800
采高/m	2.4～4.2	2.657～4.6	2.2～4.6	1.75～3.68	1.73～3.792	～3.792	1.4～3.66
卧底/mm					306		
生产能力/(t/min)	15～27	15～27	8～23	8～23	17～32	17～32	27
工作面倾角/(°)		5					
走向倾角/(°)		17	17	17		17	
电压/V		1 100			3 300		
总功率/kW	531	553	425	444	640	640	592
截割功率/kW	2×170	2×170	2×138	2×138	2×205	2×205	2×169
装载功率/kW	35	2×45	45	45	2×45	2×45	2×52
泵站功率/kW	52	52	52	52	40	40	52

续表 2-2

技术参数	JOY 公司						LAD 公司
	12ED15	12CM15-10D	12CM18-10D	12CM18-10B	12CM27-10E	12CM27-11E	CM800
牵引功率/kW	2×26DC	2×26DC	2×26DC	2×26DC	2×37DC	2×37DC	2×49AC
风机功率/kW					26	26	
长/m	12.2	11.05	10.9	10.9		11.66	11.05
宽/m	4.8/4.2	3.3	3.3	3.3		3.505	3.3
高/m	2.2	2.1	1.75	1.565		1.77	2.1
对地间隙/mm	305	305	305	230		305	305

(1) 设备售价方面：

掘进机售价在 200 万～400 万元之间，生产能力在 20 万～40 万 t/a 之间。

连采机售价在 1 100 万～1 500 万元之间，生产能力在 90 万～120 万 t/a 之间。

(2) 露天矿年工作量：

如果用于边帮采煤，一个产量 240 万 t/a 的露天矿，平均每年最终帮露煤量也就在 15 万～35 万 t 之间，而且分布在两三个方向的最终边帮上。采用一台连采机机头显然不如采用两台掘进机机头，这样既节省投资又可避免设备频繁调动，也给供电提供方便。

若一个产量 240 万 t/a 的露天矿，用连采机机头的露天采煤机需要 3 台，若用掘进机机头的采煤机需要 10 台以上，一个矿用十几台机器，机器之间距离太小，实行网状开采时工程组织也复杂(同一个开采分层在同一区域是不能有两台设备开采的)，供电也困难。

综上，建议：边帮采煤(包括端帮采煤)每年平均最终帮露煤量少，采用掘进机机头。

露天开采工作量大，露煤量多，采用连采机机头。

二、煤洞宽度

露天采煤机工作中的冒顶事故主要是由于煤洞宽度过大造成的。一切露天设计选用的工程参数应与选用的设备相适应，用连采机工作时最小的洞宽为 3.3 m，是因为连采机滚筒长度为 3.3 m，小于 3.3 m 宽的煤洞，连采机机头的露天采煤机就无法掘出，3.3 m 宽的裸煤洞在露天矿是较为困难的。煤洞所需顶板的强度与煤洞宽度的平方成比例关系，露天煤矿较浅，煤层顶板岩石的强度普遍小于井工矿，而宽度 3.3 m 煤洞主要是为井工开采设计的，还是在有支护的情况下而定的，而露天煤矿 3.3 m 宽裸煤洞偏大，建议露天采煤机的洞宽应为 3.2～2.3 m，根据顶板的强度而定，最窄的履带车宽度为 2.1 m，一边留 10 cm 的空隙就是 2.3 m。可参考已申请的专利的交底书，专利号为 2017210701473。

摘　要

本实用新型涉及一种窄幅连采机，包括截割滚筒、减速箱体和电动机、动臂、动臂安装孔、截割滚筒密封圈等。其中截割滚筒通过减速箱体轴承安装在动臂的前端，减速箱体通过螺栓安装在动臂之上，且在减速箱体内安装电动机；所述动臂通过其后部的动臂安装孔安装在履带车上，在截割滚筒的外周焊接有切割齿套，该切割齿套内通过钢丝安装着切割齿；所述截割滚筒密封圈通过截割滚筒主轴安装在截割滚筒上，在截割滚筒主轴上对称安装两个链轮。其特征在于：所述减速箱体内安装一个驱动电机；所述电动机上设置齿轮Ⅳ。该窄幅连采机可以减少片帮、冒顶、鼓底等现象的发生，同时降低了连采机的理论生产能力，使之与露天矿边帮煤层露出量相适应，减少能量的浪费。

权利要求

一种窄幅连采机，包括截割滚筒、减速箱体和电动机、动臂、动臂安装孔、截割滚筒密封圈。其中截割滚筒通过减速箱体轴承安装在动臂的前端，减速箱体通过螺栓安装在动臂之上，且在减速箱体内安装电动机；所述动臂通过其后部的动臂安装孔安装在履带车上，在截割滚筒的外周焊接有切割齿套，该切割齿套内通过钢丝安装着切割齿；所述截割滚筒密封圈通过截割滚筒主轴安装在截割滚筒上，在截割滚筒主轴上对称安装两个链轮。其特征在于：所述截割滚筒的长度为 2.2～3.2 m；所述减速箱体内安装一个驱动电机；所述电动机上设置齿轮Ⅳ，该齿轮Ⅳ与大齿轮Ⅲ啮合，其中与大齿轮Ⅲ同轴安装的还有小齿轮Ⅱ；所述小齿轮Ⅱ与大齿轮Ⅰ啮合，与该大齿轮Ⅰ同轴设置的还有两个链轮，该两链轮通过链条与安装在截割滚筒主轴上的两个链轮链接。

一种窄幅连采机

技术领域

[0001] 本实用新型涉及一种窄幅连采机，属于露天煤矿边帮采煤技术的机械领域。

背景技术

[0002] 露天矿边帮采煤的机头有两种，一种是用井工开采的掘进机，一种是用井工开采的连采机。露天煤矿借用井工开采的两种设备，但露天煤矿和井工煤矿又存在着较大区别，露天煤矿开采深度比较浅，露天矿煤层顶板的强度普遍较井工煤矿低，借用连采机作为边帮采煤机头，其跨度普遍较宽，在顶板岩石较软的露天矿容易产生冒顶现象，为了克服煤洞宽度较大的问题，必须对井工开采的连采机进行改造，使其洞宽满足露天煤矿边帮采煤需要，我们把洞宽小于 3.2 m 的连采机叫窄幅连采机。

发明内容

[0003] 本实用新型的目的在于提供一种窄幅连采机，以解决现有连采机跨度宽，在顶板岩石较软的露天矿容易产生冒顶的问题。

[0004] 一种窄幅连采机，包括截割滚筒、减速箱体和电动机、动臂、动臂安装孔、截割滚筒密封圈。其中截割滚筒通过减速箱体轴承安装在动臂的前端，减速箱体通过螺栓安装在动臂之上，且在减速箱体内安装电动机；所述动臂通过其后部的动臂安装孔安装在履带车上，在截割滚筒的外周焊接有切割齿套，该切割齿套内通过钢丝安装着切割齿；所述截割滚筒密封圈通过截割滚筒主轴安装在截割滚筒上，在截割滚筒主轴上对称安装两个链轮。其特征在于：所述截割滚筒的长度为 2.2～3.2 m；所述减速箱体内安装一个驱动电机；所述电动机上设置齿轮Ⅳ，该齿轮Ⅳ与大齿轮Ⅲ啮合，其中与大齿轮Ⅲ同轴安装的还有小齿轮Ⅱ；所述小齿轮Ⅱ与大齿轮Ⅰ啮合，与该大齿轮Ⅰ同

轴设置的还有两个链轮，该两链轮通过链条与安装在截割滚筒主轴上的两个链轮链接。

[0005] 本实用新型的有益效果在于：与原有连采机相比，该窄幅连采机缩短了截割滚筒的长度，因此可以适应宽度较窄的煤洞，同时在工作中可以减少片帮、冒顶、鼓底等现象的发生。变窄了截割滚筒的长度后，相应地减小了所需切割力，只需一台电机就能驱动机械运转，降低了连采机的理论生产能力，使之与露天矿边帮煤层露出量相适应。

附图说明

[0006] 图1为本实用新型中各部件位置关系的平面图。

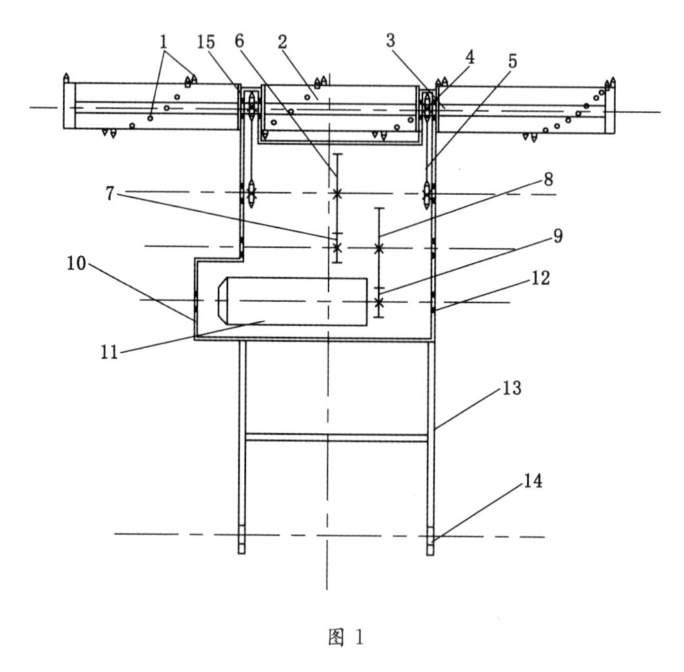

图 1

[0007] 图中，切割齿1、截割滚筒2、截割滚筒主轴3、链轮4、链条5、大齿轮Ⅰ6、小齿轮Ⅱ7、大齿轮Ⅲ8、齿轮Ⅳ9、减速箱体10、电动机11、减速箱体轴承12、动臂13、动臂安装孔14、截割滚筒密封圈15。

具体实施方式

[0008] 如图1所示，一种窄幅连采机，包括截割滚筒2、减速箱体10和电动机11、动臂13、动臂安装孔14、截割滚筒密封圈15，其中截割滚筒2通过减速箱体轴承12安装在动臂13的前端，减速箱体10通过螺栓安装在动臂13之上，且在减速箱体10内安装电动机11。与现有连采机相比，该连采机的截割滚筒2的长度较短，其长度在2.2～3.2 m之间。所述动臂13通过其后部的动臂安装孔14安装在履带车上，且动臂13在油缸的作用下做圆周运动。为不使履带车的宽度影响该窄幅连采机的正常工作，所用履带车的履带外缘宽2.1～2.8 m。根据截割滚筒2的具体长度，还可以对履带外缘宽度做相应调整。由于该窄幅连采机的整体尺寸变短，所以对减速箱的宽度也做了调整，将原来宽度为2.7 m的减速箱变为宽度为1.4 m。

[0009] 在截割滚筒 2 的外周焊接有切割齿套，该切割齿套内通过钢丝安装着切割齿 1；所述截割滚筒密封圈 15 通过截割滚筒主轴 3 安装在截割滚筒 2 上，在截割滚筒主轴 3 上对称安装两个链轮 4，且链轮 4 与截割滚筒主轴 3 之间采用键连接；所述减速箱体 10 内安装一个驱动电机 11；所述电动机 11 上设置齿轮Ⅳ9，该齿轮Ⅳ9 与大齿轮Ⅲ8 啮合，其中与大齿轮Ⅲ8 同轴安装的还有小齿轮Ⅱ7；所述小齿轮Ⅱ7 与大齿轮Ⅰ6 啮合，与该大齿轮Ⅰ6 同轴设置的还有两个链轮 4，该两链轮 4 通过链条 5 与安装在截割滚筒主轴 3 上的两个链轮 4 咬合。

[0010] 该窄幅连采机，首先将连采机的滚筒变短，为使机头和减速箱不被煤洞卡住，在缩短截割滚筒的同时，也缩小了履带机的宽度和减速箱的宽度。同时，减速箱采用单电机驱动，切割滚筒变短之后，所需切割力变小，不需要两台电动机驱动，而改为一台电动机驱动，减速箱的宽度也变小，降低了连采机的理论生产能力，使之与露天矿边帮煤层露出量相适应。

[0011] 本实用新型设计了一种窄幅连采机，与原有连采机相比，该窄幅连采机缩短了截割滚筒的长度，因此可以适应宽度较窄的煤洞，同时在工作中可以减少片帮、冒顶、鼓底等现象的发生。通过对连采机的尺寸进行改进，降低了连采机的理论生产能力，使之与露天矿边帮煤层露出量相适应，减少能量的浪费。

[0012] 以上仅是本实用新型的优选实施方式，应当指出，对于本技术领域的普通技术人员来说，在不脱离本实用新型技术原理的前提下，还可以做出若干改进和润饰，这些改进和润饰也应视为本实用新型的保护范围。

三、煤洞高度

1. 煤层厚度

煤层厚度在露天采煤机工作高度范围内时，以煤层厚度划分一个洞高，煤洞高度就是煤层垂高，煤洞的高度随煤层垂高的变化而变化。

2. 薄煤层

凡是煤层垂高小于等于露天采煤机工作高度都定义为薄煤层，薄煤层的开采必须要破顶板或底板，一般情况是看谁较软，煤层顶板若力学指标较小，开采时就破煤层顶板，采煤机站在煤层底板上工作。

采煤机的工作高度与采煤机高度存在着一定联系，采煤机工作时可能有时出现底部腾空的现象，所以工作高度与机器高度完全一致是不行的，会卡住设备。据鄂尔多斯市各煤层顶板来看，如 12CM18-10B 型连采机，机器高度为 1.75 m(从表 2-2 中查得)，工作高度为 1.95 m，换句话说，煤洞最小高度应为 1.95 m，低于该值，采煤机就有卡住的危险。

薄煤层开采存在着两大难题，一是确定采煤机最小开采煤层的厚度，二是采出那么多顶(底)板岩石选煤工人将怎样将岩石挑出。

薄煤层最小厚度，用不同设备，在不同场合，该值是不同的，在露天矿最小可采厚度为 1.00 m，如果最低厚度高于该值而又不开采，矿山的回采率就无法达到 80%以上；如果最小开采厚度定得太低，采矿成本会大幅提高，严重影响矿山的经济效益。薄煤层的采矿成本为：

$$C=\frac{C_1(H_1\cdot R_1+\Delta H\cdot R_2)}{H_1\cdot R_1}+G\cdot\Delta H\cdot R_2$$

式中 C——薄煤层采煤成本，元/t；

C_1——露天采煤机采矿成本，元/t，$C_1=20\sim25$ 元/t；

H_1——薄煤层的垂高，m；

R_1——煤层的容重，t/m^3；

ΔH——采煤机开采煤层顶（底）板的垂高，m；

R_2——煤层顶（底）板的容重，t/m^3；

G——处理（挑出）煤中矸石的单位费用，元/t，人工为 80～120 元/t，机器为 10～15 元/t。

边帮采煤主要考虑的是边坡的稳定，采出 1 t 就白拣 1 t，没有回采率的要求，最低开采厚度定为 1.5 m。

露天开采有明确的回采率要求且不能高于最低回采高度 1 m，定为最低开采垂高 0.95 m。

以 12CM15-10D 为例，煤层的开采垂高 $H_1=0.95$ m，破顶板高度 $\Delta H=1.00$ m，采煤机开采成本 $C_1=22$ 元/t，煤的容重 $R_1=1.3\ t/m^3$，煤层顶板岩石容重为 $R_2=2.3\ t/m^3$，机器处理费用 $G=13$ 元/t。则：

$$C=\frac{22\times(0.95\times1.3+1.0\times2.3)}{0.95\times1.3}+13\times1.0\times2.3=92.87\ (\text{元}/\text{t})$$

用什么机器处理顶底板岩石呢？用胶带运输断流器来实现。关于断流器的具体构造可参考已申请的专利的交底书，专利号为 2017210050843，详见本书第七章第一节。

3. 厚煤层

需要两次及以上开采的煤层为厚煤层，厚煤层多为复杂煤层，要视夹矸的分布情况而定，这里就厚煤层开采的几个原则问题作出阐述：

（1）当夹矸厚度在 0.5 m 及以上时，就单分为一个分煤层，低于 0.5 m 的夹矸层则混入煤层中不单计算。

（2）当煤层底板倾角小于 17°时，沟道最深处应达到煤层底板最下一个沟道，沿底板延深。

（3）当煤层底板倾角大于 17°时，采煤沟道要与煤层有一定距离，采煤机开始在岩石中工作，岩石的强度要小于机器切割强度要求，沟道的深度离煤层的距离要经过比较才能确定，沟道越深，可离煤层近掘沟，掘沟工程量大，但露天采煤机在岩石中掘进的距离越短。

四、煤洞深度

煤洞深度主要由两方面决定：一是人为的如采矿权证确定的地表境界，国家规定的地下开采时矿与矿之间留有安全煤柱；二是露天采煤机本身在各种煤层倾角的情况下所能达到的洞深，它主要是机身的长度，在引用自带动力机身的情况下，机身的长度会很长，完全满足矿山要求。

1. 人为因素

矿权境界是限制煤洞深度的主要因素，一般情况下，矿权的地表境界是垂直向下的，地表平面在哪，深部也在哪，露天矿四周有三种情况：

(1) 设计矿山相邻的也是露天矿，两矿之间无须留有安全煤柱，煤洞深度可以达到界限。

(2) 设计矿山相邻的是井工矿，两矿之间必须留有安全煤柱，目前国家规定安全煤柱宽度最小为 20 m，煤洞在离境界线 20 m 时必须停下。煤洞离境界线应内退 20 m。

(3) 设计矿山相邻为无主的，煤洞可以达到批准境界线。

不论上述三种的哪种，煤层逐渐变薄后，当煤层垂高小于最低的采煤机开采值时，都应立即停止。

2. 按采煤机工作环境计算洞深

单机指的是用主机带动机身的情况：

$$p \cdot k = L \cdot p_1(\sin\alpha - k_1 \cdot \cos\alpha) + p \cdot k \cdot \sin\alpha + M$$

$$L = \frac{p \cdot k(1 - \sin\alpha) - M}{p_1(\sin\alpha - k_1 \cdot \cos\alpha)}$$

式中 L——单机洞深，m；

p——机头的质量，t；

k——机头的摩擦系数，即履带与煤洞底部岩石的摩擦系数，2～3；

α——煤洞的倾角，(°)；

k_1——轮胎与煤洞底部岩石的滚动摩擦系数；

p_1——胶带机和上部煤炭单位长度质量，t/m；

M——机头施加给滚筒的压力，$M=2$ t。

当所需的煤洞长度远大于单机洞深时，就需要机身加入自行装置，自行装置就是一个胶带链中有一节自带动力能够行走的装置，它能带动整个胶带链向前或向后运动，当机身中加入自行的胶带链后，每个胶带链的长度为：

$$l_1 = \frac{p_2 \cdot k(1 - \sin\alpha)}{p_1(\sin\alpha - k \cdot \cos\alpha)}$$

式中 l_1——胶带链的长度，m；

p_2——动力胶带车的质量，t；

其他符号含义同前。

当一台机头带动几个自行胶带链后，最终长度是几个值相加，即：

$$L = l + \sum_{i=1}^{n} l_i$$

式中 L——机组总长度，m；

l——单机机头的洞深，m；

l_i——第 i 个自行胶带链的长度，m。

五、煤洞的角度

按表 2-1 和表 2-2 所列，不论用什么机头，露天采煤机的最大适用角度都是 16°～17°，根据露天采煤机的工作原理，17°是胶带输送机的最大工作角度，当煤洞倾角部分大于17°时，机头掘进产生的碎煤将无法通过胶带链，也无法运出煤洞。

其实机头是能够在更大角度下工作的，煤洞的倾角主要是由胶带机运输决定的，如果胶带机通过改造能够在更大角度下工作，露天采煤机的工作角度是能够提高的。

在一般情况下煤洞的倾角由煤层倾角决定，两个煤洞方向可以走伪倾斜，它的最大角度只要小于设备规定的倾角即可，伪倾角与真倾角的关系为：

$$\tan \alpha_1 = \tan \alpha \cdot \cos \alpha_2$$

式中　α_1——伪倾角，(°)；

α——煤层倾角，(°)；

α_2——煤层走向与伪倾向的夹角，(°)。

对于特殊条件的矿，可以通过改变 α_2 和 α_1 使真倾角大于17°的矿山也能用露天采煤机开采，但是 α_2 是有限的，如果真倾角 α 很大，通过改变沟道方向使沟道的倾角在17°以下，这是比较困难的，尤其在采用网状开采的条件下，因另一方向煤洞走向要与前一道垂直，如果第二条煤洞不与第一条煤洞垂直，露天采煤机在掘旧煤洞（我们所说的第二条煤洞）时效率就会大幅降低。

既然掘进机要求的16°、连采机要求的17°是由胶带输送机决定的，能否通过改变胶带输送机的工作角度来改变整个设备的角度呢？答案是肯定的，目前增大露天矿胶带机工作角度的方法有两种。

1. 变胶带正面平面为阶梯状

把胶带的正面由原来的平面改为阶梯状，在其运送货物（碎煤炭）时不向下滑，背面（与滚筒接触面）仍然是平的，这主要是降低胶带抗接伸强度，在单机长度只有20～10 m长的露天采煤机是没有问题的，工作角度改变量主要决定正面阶梯状橡胶的高度，阶梯状橡胶高出平面越多，它的工作角度也就越大，在胶带机长度20 m以内，胶带机的工作角度能够提高到23°～28°，如图2-1所示。

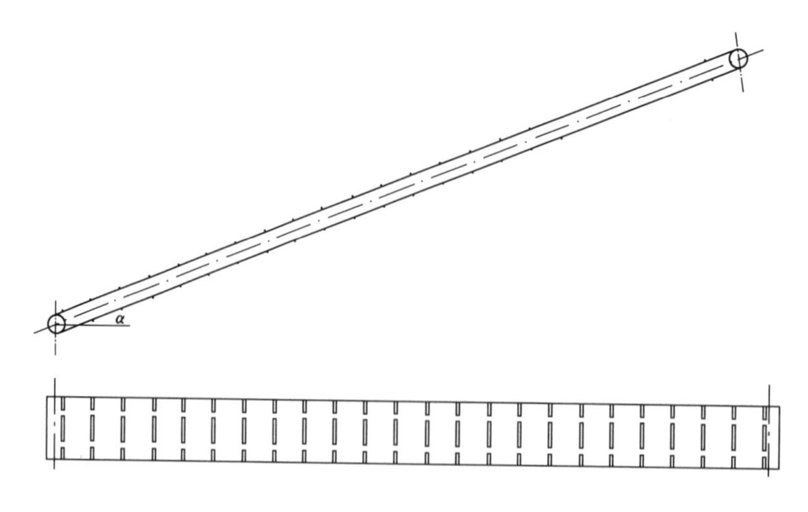

图2-1　阶梯状胶带示意图

2. 两层胶带法

两层胶带就是在正常工作的胶带上面再加一层胶带，货物夹在两条胶带之中，上层胶带也是个循环带，只是一般不需动力，它的转动扭矩由下部胶带提供，这就需要将下部胶带的扭矩加大一些，采用两层胶带法工作角度可提高到30°～40°，如图2-2所示。

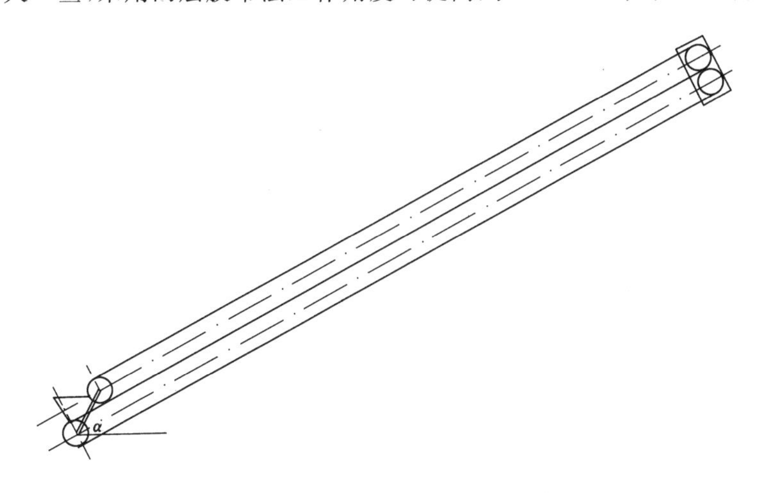

图2-2　双层胶带工作示意图

上述两种胶带实际中很少运用，笔者也并未详加研究，只是查阅相关资料获得。

六、单节胶带机的长度

单机长度在10～30 m之间都属于短胶带，制造没有任何难度。在胶带机链中单机越长，制造费用越低，搭头越少，胶带链工作越平稳，但要求的洞外平盘宽度越宽，连接拆卸越困难。对于只采一层煤的矿山，水平、缓倾斜矿体的露天矿底部宽度较大，远满足要求，可以将胶带机的单机长度加长到24 m，但对于一个露天矿有中间煤层，也需用采煤机开采时（鄂尔多斯市多属于这种情况），单机长度越长所需的平盘宽度越宽，单机长24 m时，需平盘宽度为60 m，单机长12 m时需平盘宽度35 m，如果一个矿山有3层煤需要露天采煤机开采，它就无法使用单机长度为24 m的胶带机，因为边帮上无法开采出2个60 m宽的平台，否则边帮角度就太缓了。

对于只用露天采煤机开采下层煤的胶带输送机，单机长度不宜大于30 m。

对于用露天采煤机开采中间层的边帮采煤机，胶带机单机长度不宜大于15 m。

单机长度也要考虑机架所用钢材的长度，在支撑架工字钢长为6 m时，单机长度12 m比较合适，没必要非15 m不可。

对于用露天采煤机开采整个露天矿（或一部分）需要拉沟的，沟底宽度加大会使掘沟工程量大幅提升，所以沟底宽不宜超过35 m，胶带机单机长度不宜大于15 m。

七、煤洞外工作平盘宽度

露天采煤机操作人员采出煤岩的选煤和运输都在煤洞外面进行，它需要一定宽度的平盘，这个平盘即为露天采煤机的工作平盘，工作平盘的最小宽度主要取决于单节胶带长度和运煤方式，如图2-3所示。

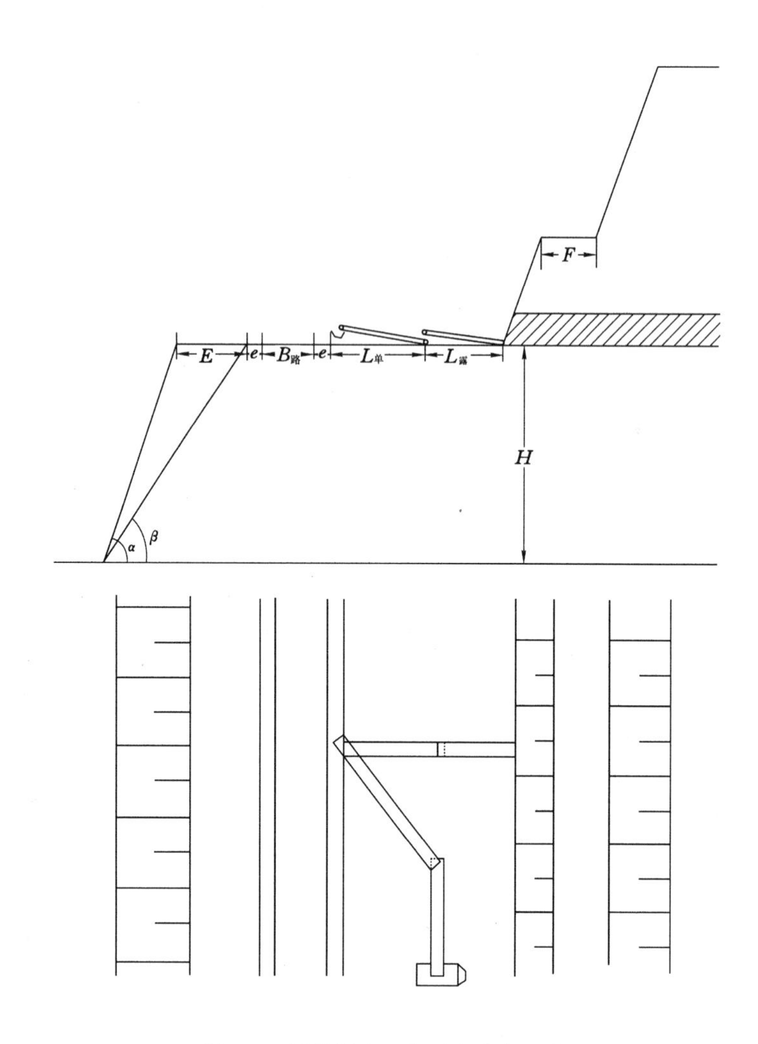

图 2-3 洞外最小工作平盘宽度示意图

E——岩石稳定宽度；e——安全距离；$B_{路}$——道路宽度；$L_{单}$——单节胶带机长度；F——洞上平盘宽度；α——台阶坡面角；β——岩石稳定角；H——洞下台阶高度；$L_{露}$——胶带机露出台阶的长度

洞外最小工作平盘宽度：

$$B_{min}=\max\{B_{运},B_{工}\}$$

$$B_{工}=L_{露}+L_{单}+2e+K+H\cdot(\cot\beta-\cot\alpha)$$

式中 B_{min}——洞外最小工作平盘宽度，m；

$B_{运}$——按运输条件确定的平盘宽度，m，当采用矿外运输车辆运输煤炭时 $B_{运}=35$ m；

$B_{工}$——按露天采煤机最小工作平盘宽度，m；

$L_{露}$——胶带机露出台阶的长度，该值取决于防护棚的长度，m，这里取 $L_{露}=7$ m；

$L_{单}$——单节胶带机的长度，m，$L_{单}=12$ m；

e——安全距离，m，$e=1.5$ m；

β——下部台阶稳定角度，(°)，$\beta=55°$；

α——下部台阶坡面角，(°)，$\alpha=70°$；

H——下部台阶高度，m，按两个工作台阶合并成一个最终台阶，$H=20$ m；

K——运煤车道宽度，m，最小是单车道，$K=5$ m。

$$\begin{aligned} B_{\text{工}} &= 7+12+2\times 1.5+5+20\times(\cot 55°-\cot 70°) \\ &= 27+20\times(0.700-0.364) \\ &= 33.72\ (\text{m}) \end{aligned}$$

$$B_{\min}=\max\{35,33.72\}=35\ (\text{m})$$

当采用矿内车辆运输，且沟底为最下一个时，最小工作平盘宽度可以降低，但最低不能小于 30 m，如图 2-4 所示。

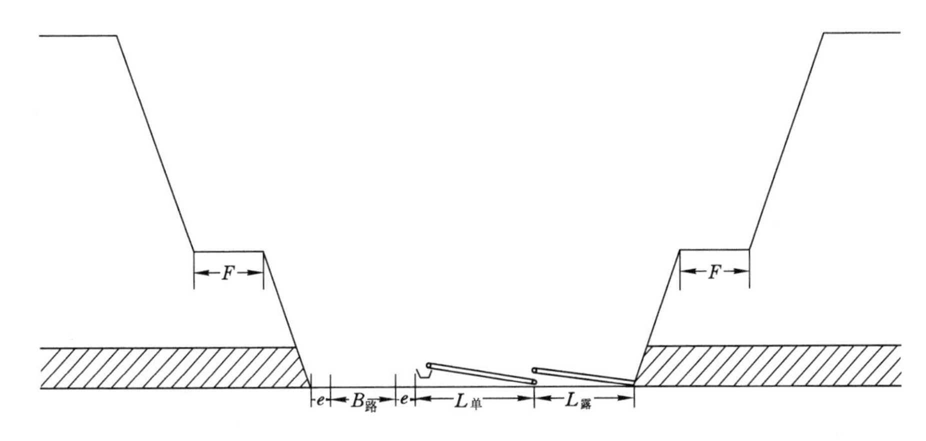

图 2-4　最下台阶时洞外最小工作平盘宽度示意图

e——安全距离；$L_{单}$——单节胶带机长度；$B_{路}$——道路宽度；F——洞上平盘宽度；

$L_{露}$——胶带机露出台阶的长度

八、采煤机洞上平盘宽度

采煤机洞上平盘指的是煤洞上面平盘，该平盘一般位于开采煤层上部，是整 10 水平，当煤层为非特厚煤层时，煤层的厚度一般小于采煤机最大开采深度，一般情况下，采煤台阶位于沟道底部，煤层底板即是台阶的分界面，台阶按 10 m 考虑，采煤机洞上平盘的高度是煤层底板向上 10 m。

采煤机必须留洞上平盘，洞上平盘起到两个主要作用：

(1) 阻挡上部掉下的土岩。由于洞上平盘的存在，很多沿台阶坡面下滑的大块岩石将被洞上平盘阻挡，使其不能向下砸坏工作人员和采煤机，即使不能完全阻挡住上部掉下的土岩，其力量也减小很多。

(2) 在采煤机上部留出平盘是为了安装支护杆件。露天采煤机安装支护杆件，除了对露天矿边坡实现预加固以外，还起到报警作用，支护杆件的支杆、连杆、顶杆的粗度比主杆要细，当支护杆件发生破裂时这些杆件要先断裂，给杆件下面工作的人员及设备报警。如果不留有上部平盘，支护杆件将无处安装。

洞上平盘的宽度如果过大无疑会增加支护杆件的长度，使支护费用增高；洞上平盘宽度若太小，将起不到对下部工作人员和采煤机的保护作用。综合以上两方面考虑，洞上平盘宽度取 5 m 为宜。

九、煤洞形状

煤洞形状指的是煤洞横截面的几何形状。

1. 煤洞的形状

在我国，煤洞的形状主要可分以下四类，如图 2-5 所示：

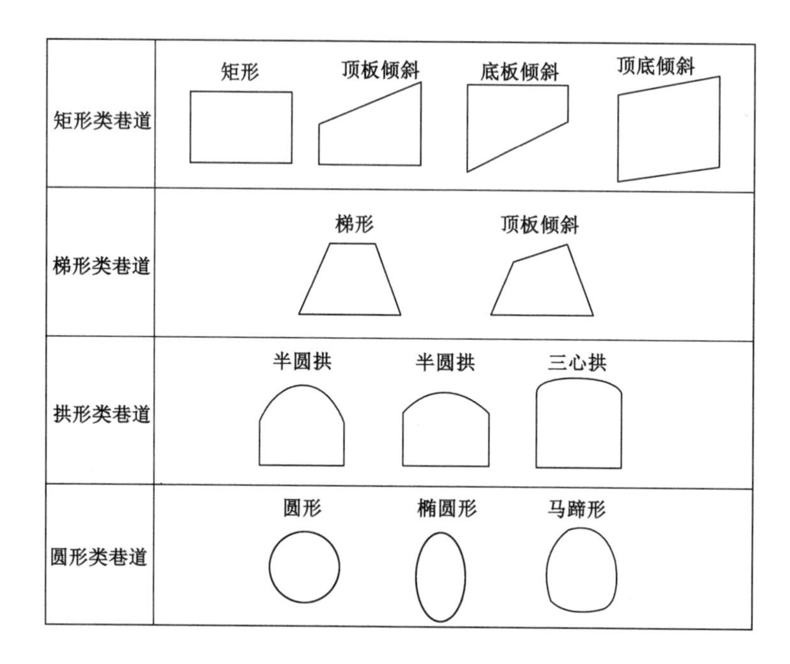

图 2-5　煤洞形状类型

（1）矩形类。该类煤洞的断面主要特点是两帮为直立面，垂直水平面，掘进机机头、连采机机头的露天采煤机都能掘出此类形状。

（2）梯形类。该类煤洞的特点是煤洞底面水平，两帮与水平面呈相同的角，煤洞稳定性好，缺点是上部丢煤较多。掘进机机头、连采机机头的露天采煤机也都能采出此形状。

（3）拱形类。该类煤洞的特点是两帮垂直，顶部为弧状，连采机式、横轴式掘进机都无法掘出此形状断面，只有纵轴式掘进机机头才能掘出。它的稳定性，比矩形类、梯形类要好。

（4）圆形类。这种煤洞稳定性最好，也只有纵轴式掘进机能够掘出。

2. 笔者推荐

对于煤洞的四种形状本书推荐如下：

（1）煤层厚度适中，只开采一次，煤洞存在时间较短，建议使用矩形类断面。

（2）对于厚煤层，煤洞存在时间较长，上部一层使用拱形断面，以下都使用矩形断面。

（3）救援煤洞建议使用圆形类，特别是椭圆形，救援煤洞稳定性越大越好。

十、煤洞间安全煤柱

煤洞间留设的安全煤柱应以能够支撑起上部土岩的压力，再乘安全系数来确定，但在实践中鉴于煤层上部土岩的复杂性和计算上部横着岩体强度的误差，计算的结果有的相差很大，往往不能用于指导实践。实践中人们通过不断摸索不断修改逐步找到在本矿具体条件下的合理数值，先留煤柱较大，干完后认为其稳定性高，再将煤柱缩小，如果发现还大，再缩小，直到找到合理数值为止，现在看来，采出总面积的 80%，留下 20%为煤柱，较为合理。

1. 留煤柱的原因

为什么保安煤柱不留煤墙呢？其原因有三：

（1）同样的回采率留煤柱更安全。

当煤洞宽度为 2.7 m 时，留煤柱 1.8 m×1.8 m，若留煤墙的厚度为 0.675 m，回采率才相同。通过大量的揭露采空区来看，对煤柱煤墙的破坏都是双曲线形的，当双曲线单侧侵入深度为 0.337 5 m 时，煤墙就全部被破坏了，而煤柱还有 1.125 m×1.125 m 支撑土岩。

（2）施工允许误差煤柱大于煤墙。

在上例，煤墙的宽度只有 0.675 m，稍有误差就不能保障煤墙的厚度，不论是边帮采煤或是露天开采，采深几百米，出现误差在所难免，出现误差后相邻两条煤洞就不平行，影响中间煤柱的大小，这将是露天采煤机工作中遇到的最大问题。

（3）留煤柱可以补救，而煤墙则不能。

留煤柱的采法是先打宽度为 2.7 m 的煤洞，留 1.8 m 的安全煤墙，我们称之打新煤洞，因这时只采出 60%的煤炭，安全性是很大的。当这台机器将负责的新煤洞煤炭采完之后，再将机器移动打旧煤洞，旧煤洞与新煤洞正交相差 90°（露天开采时煤洞很长，这一台机器负责的煤炭往往是很大的一片，边帮采煤时就在同一洞中打完新煤洞，接着就打旧煤洞），打旧煤洞时可根据新煤洞留煤墙的压力情况来确定间距，如果压力较大（新煤洞留的煤墙变薄了）间距就大些，反之间距就小些，总之第二次打旧煤洞可以根据情况对新洞时的错误进行修改。

2. 煤柱的位置

在一个矿采掘两层以上的煤炭时，不论煤层的薄与厚，各煤层的洞宽和煤柱的宽度是一致的，并且保持上下正对齐的状态，只有这样，才能保证上层煤柱对下层煤柱的位置而不是对在采空区的位置，当然当两层煤间距很大时除外。

就目前鄂尔多斯地区岩体强度和采深来看，上若干层煤炭露天采煤机开采，煤洞宽度为 2.7 m 时，煤柱截面为 1.8 m×1.8 m，最大回采率为 84%，较为合适。如果煤洞间距较大或只有一层煤且煤层顶板较硬，当用露天采煤机开采最下层煤炭时，煤洞宽度可为 3.3 m，煤柱截面为 2.0 m×2.0 m，最大回采率为 85.76%，较为合适。

十一、露天采煤机的工作位置

这里所说的露天采煤机的工作位置是指露天采煤机在进行边帮采煤时是在工作帮还是在非工作帮。

在鄂尔多斯市地区，大部分露天矿已经进行了开采，而且大部分已实现了内排，露天采煤机只能回收两个端帮所压的煤炭。采煤机位于工作帮一侧就是最下采煤机工作位置离最下一采煤台阶坡底线不超过 30 m，上部的露天采煤机工作台阶位于工作帮一侧；所说的工作地点位于非工作帮一侧是说露天采煤机最下工作位置离内排土场最下排土台阶坡底线不超过 30 m，上部的开采台阶位于非工作帮一侧。

工作帮一侧矿岩未经开采，其支撑力较大，露天采煤机在其上工作，安全性较好；非工作帮一侧内排土岩为松散剥离物，有一定的塑性，支撑力较小，露天采煤机在非工作帮工作危险性比在工作帮工作要大。

在一段端帮有几层煤的时候，如需贯彻先上后下的原则，采煤机在工作帮一侧很顺利进行，露天矿的开采程序一致，不需附加另外剥离；如果在非工作帮一侧开采中间煤层时必须将剥离物堆起到达中间层的煤层底板，当中间层采完后开采下层煤时还要将刚堆起的剥离物去掉，露出下层煤的煤层底板，这就增加了二次剥离量。

综上所述，如果能够将露天采煤机的工作位置设在工作帮一侧，就应设在工作帮一侧；如果将露天采煤机设在工作帮一侧较困难，才允许工作地点选在非工作帮。

十二、服务年限

对于全部使用露天采煤机开采的露天矿，其服务年限的计算方法与传统方法一致，即：

$$t=\frac{p}{Q\cdot K}$$

式中 t——露天矿服务年限，a；

p——露天矿可采储量，万 t；

Q——露天矿年生产能力，万 t/a；

K——产量备用系数，%。

只是使用边帮采煤机后，服务年限要增长，对中小型煤矿尤为明显，如原来一座年产45 万 t 的露天矿，采用露天采煤机开采，边帮压煤也能采出，总采煤量要增加，服务年限必然增加。越是面积小的矿山，边帮压煤所占的比例越大，回采率越低。

对边帮采煤的露天矿，露天矿开采完了以后露天采煤机并没有采完，还需继续工作一段时间，另外增加了边帮采煤工作后，煤炭的回收率得到提高，总的采煤量有所增加，矿山的服务年限将有所增加：

$$t=t_1+\frac{p}{Q}+G$$

式中 t——使用采煤机的露天矿服务年限，a；

t_1——剩下的服务年限，a；

p——采煤机在露天矿存在期间采出的边帮煤炭量，万 t；

Q——矿山生产能力，万 t/a；

G——露天矿采完后露天采煤机还要工作的时间，通常 $G=0.5$ a。

十三、采煤机的生产能力

需要指出的是露天矿每年边帮露煤量极不平衡，一样开采强度时，开采不同位置，该值相差很大，不能进行边帮采煤时，多余部分就会被内排土场埋上，再也不能进行边帮采煤了，所以边帮采煤的生产能力不是年平均值，而要比平均值大些：

$$Q_1 = 1.4\,\frac{p_1}{t}$$

式中　Q_1——露天采煤机的生产能力，万 t/a；

p_1——露天采煤机工作方法采出的煤炭，万 t；

t——露天采煤机工作年限，a；

1.4——按生产能力比平均值大 40%考虑。

十四、截割齿的材质研究

不论用掘进机还是连采机，年消耗量最大的是截割齿，截割齿都是硬质合金制作的，一旦露天采煤机广泛推开，硬质合金的需求量将极大增长。

1. 中国露天采煤机的总量粗算

露天采煤机在全国推广后，因其生产成本低下，会部分取代其他采矿方法，现粗略估算一下其需求量：

(1) 内蒙古：鄂尔多斯市及乌海市 200 台。

锡林郭勒盟及霍林河地区 200 台。

其他盟市计 100 台。

(2) 山西：全省 200 台。

(3) 陕西：全省 100 台。

(4) 全国其他省区市计 200 台。

合计：1 000 台。

现在全国正在使用的连采机和掘进机等使用硬质合金的大型设备总计不足 300 台，如果一下增加好几倍，硬质合金生产能否应付？

2. 采用合金钢截割齿可能性

连采机、掘进机都在井下运用，井下空间狭小，宜用坚固不常换零件的设备，用硬质合金齿也很符合上述要求。用在露天矿后，不存在空间上的限制，更换零件也方便，没必要一副截割齿使用半年以上，能连续使用半月就可以了，用合金钢齿代替硬质合金齿成本低，材料不受限。

露天采煤机用合金钢齿后，可以将截割齿制造得更加锋利。硬质合金截割齿为了增加使用寿命，齿形很不锋利，需要磨很长时间才能变得锋利，如果开始就很锋利，必然导致硬质合金截割齿不耐磨，改用合金钢齿后，可在一开始就将截割齿制造得很锋利，使整个设备效率更高。合金钢连采机切割齿可参考已申请的专利交底书，专利号为 2017210037406。

摘　要

本实用新型公开了一种合金钢连采机切割齿，包括圆柱体 1、安装孔 2、圆锥体 3、半圆形槽 4，其特征在于：所述圆柱体 1 是切割齿的安装部，而圆柱体 1 插入滚筒上的圆环中，圆柱体 1 的一端固定安装在圆锥体 3 的圆平面上，并且圆柱体 1 的直径小于圆锥体 3 的圆平面直径，在圆柱体 1 的上部设有安装孔 2；所述圆锥体 3 是切割齿的主体，在圆锥体 3 的外表面设有半圆形槽 4，其中半圆形槽 4 共有三条槽，槽与槽之间相隔 120°，其中半圆槽 4 的长度小于圆锥体 3 的高度，并且半圆形槽 4 穿过圆锥体 3 的圆平面。本实用新型的合金钢切割齿够锋利，尺寸大，安装方便，造价低。

权利要求

1. 一种合金钢连采机切割齿，包括圆柱体 1、安装孔 2、圆锥体 3、半圆形槽 4，其特征在于：所述圆柱体 1 是切割齿的安装部，而圆柱体 1 插入滚筒上的圆环中，圆柱体 1 的一端固定安装在圆锥体 3 的圆平面上，并且圆柱体 1 的直径小于圆锥体 3 的圆平面直径，在圆柱体 1 的上部设有安装孔 2；所述圆锥体 3 是切割齿的主体，在圆锥体 3 的外表面设有半圆形槽 4，其中半圆形槽 4 共有三条槽，槽与槽之间相隔 120°，其中半圆形槽 4 的长度小于圆锥体 3 的高度，并且半圆形槽 4 穿过圆锥体 3 的圆平面。

2. 根据权利要求 1 所述的一种合金钢连采机切割齿，其特征是：所述安装孔 2 是一个通孔，并且通过安装孔 2 将圆柱体 1 固定在滚筒上的圆环中。

3. 根据权利要求 1 所述的一种合金钢连采机切割齿，其特征是：所述圆柱体 1 与圆锥体 3 组成连采机切割齿，而连采机切割齿为铸造件，其材料为合金钢。

一种合金钢连采机切割齿

技术领域

[0001] 本实用新型涉及一种连采机切割齿，特别涉及一种合金钢连采机切割齿。

背景技术

[0002] 连采机的切割齿是指连采机切割煤岩的齿，连采机的切割齿都是由硬质合金铸造而成，因为煤岩硬度较大，对切割齿的磨损较为严重，井工开采更换切割齿较为困难，尽管其造价高昂(一个进口切割齿约 1 000 元人民币)井工开采也只能使用此材质的切割齿。连采机用于露天矿边帮采煤机机头以后，其工作环境已经发生了根本性变化，更换切割齿在露天环境下进行较为容易，因此改变其材质使其造价降低下来是本项研究的主要议题。同时，为了铸造工艺的可行，新的硬质合金切割齿不够锋利，尺寸也较小，安装困难。

发明内容

[0003] 本实用新型的目的在于提供一种合金钢连采机切割齿，合金钢切割齿够锋利，尺寸大，安装方便，造价低。

[0004] 一种合金钢连采机切割齿，包括圆柱体 1、安装孔 2、圆锥体 3、半圆形槽 4，其特征在于：所述圆柱体 1 是切割齿的安装部，而圆柱体 1 插入滚筒上的圆环中，圆柱体 1 的一端固定安装在圆锥体 3 的圆平面上，并且圆柱体 1 的直径小于圆锥体 3 的圆平面直径，在圆柱体 1 的上部设有安装孔 2；所述圆锥体 3 是切割齿的主体，在圆锥体 3 的外表面设有半圆形槽 4，其中半圆形槽 4 共有三条槽，槽与槽之间相隔 120°，其中半圆形槽 4 的长度小于圆锥体 3 的高度，并且半圆形槽 4 穿过圆锥体 3 的圆平面。

[0005] 进一步，所述安装孔 2 是一个通孔，并且通过安装孔 2 将圆柱体 1 固定在滚筒上的圆环中。

[0006] 进一步，所述圆柱体 1 与圆锥体 3 组成连采机切割齿，而连采机切割齿为铸

造件，其材料为合金钢。

［0007］本实用新型的有益效果在于：本实用新型设计巧妙，结构合理，采用合金钢来铸造连采机切割齿，使其造价非常低，同时也使切割齿材质供应不成问题；本实用新型的切割主体为圆锥体，使切割齿尺寸比原来大，在圆锥体上设有三个半圆形槽，使煤层中的气体和液体通过半圆形槽排出，减少煤层对切割齿的阻力，同时也使切割齿更加的锋利；本实用新型利用了安装在圆柱体上的安装孔，使切割齿的安装更加方便，节约了时间。

附图说明

［0008］图1为本实用新型的结构示意图。

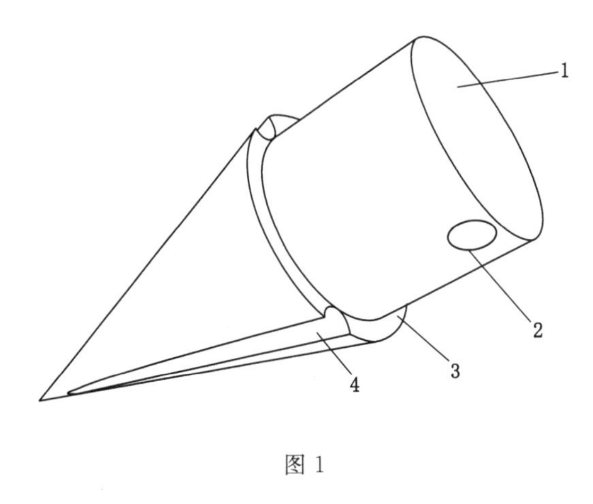

图1

［0009］图中，圆柱体1、安装孔2、圆锥体3、半圆形槽4。

具体实施方式

［0010］以下为本实用新型的较佳实施方式，但并不因此而限定本实用新型的保护范围。

［0011］如图1所示，一种合金钢连采机切割齿，包括圆柱体1、安装孔2、圆锥体3、半圆形槽4，其特征在于：所述圆柱体1是切割齿的安装部，而圆柱体1插入滚筒上的圆环中，圆柱体1的一端固定安装在圆锥体3的圆平面上，并且圆柱体1的直径小于圆锥体3的圆平面直径，在圆柱体1的上部设有安装孔2，其中安装孔2是一个通孔，并且通过安装孔2将圆柱体1固定在滚筒上的圆环中，其中安装孔2使切割齿的安装更加方便；所述圆锥体3是切割齿的主体，增大切割齿的尺寸，而圆锥体3的锥顶，增加切割齿的锋利度，在圆锥体3的外表面设有半圆形槽4，其中半圆形槽4共有三条槽，槽与槽之间相隔120°，其中半圆形槽4的长度小于圆锥体3的高度，并且半圆形槽4穿过圆锥体3的圆平面，煤层中的气体和液体可通过半圆形槽4排出，减少煤层对切割齿的阻力，同时也使切割齿更加的锋利；所述圆柱体1与圆锥体3组成连采机切割齿，而连采机切割齿为铸造件，其材料为合金钢，造价非常低。

［0012］本实用新型设计了一种合金钢连采机切割齿。本实用新型设计巧妙，结构合理，采用合金钢来铸造连采机切割齿，使其造价非常低，同时也使切割齿材质供应不成问题；本实用新型的切割主体为圆锥体，使切割齿尺寸比原来大，在圆锥体上设有三个半圆

形槽，使煤层中的气体和液体可通过半圆形槽排出，减少煤层对切割齿的阻力，同时也使切割齿更加的锋利；本实用新型利用了安装在圆柱体上的安装孔，使切割齿的安装更加方便，节约了时间。

[0013] 以上仅是本实用新型的优选实施方式，应当指出，对于本技术领域的普通技术人员来说，在不脱离本实用新型技术原理的前提下，还可以做出若干改进和润饰，这些改进和润饰也应视为本实用新型的保护范围。

第三章　露天采煤机工作方式之一——边帮采煤方法

第一节　边帮采煤工艺

边帮采煤是指露天矿正常生产的同时其四周的边帮压煤用露天采煤机采出的采矿方法。它可以使露天煤矿的回收率大幅提高，服务年限延长，开采成本较之正常露天矿开采大幅降低。边帮采煤的设计是露天矿设计的一部分，要执行《煤炭工业露天矿设计规范》(GB 50197—2015)的有关规定。如果将整部设计全部摘录于此，篇幅过长，下列篇幅中只摘录其中主要部分在本章中予以论述。

一、露天采煤机的主要工作参数

这里所说的露天采煤机的主要工作参数是指露天采煤机在边帮采煤的环境下的主要工作参数，详见表3-1。

表3-1　　露天采煤机主要工作参数表

序号	主要参数	设计采用
1	机头的选用	
2	煤洞的宽度	
3	煤洞的高度	
4	煤洞的深度	
5	煤洞的倾角	
6	单节皮带长度	
7	煤洞外工作平盘宽度	
8	煤洞顶上平盘宽度	
9	煤洞的形状	
10	煤洞间安全煤柱宽度	
11	采煤机的工作位置	
12	采煤机服务年限	
13	采煤机生产能力	

二、煤洞的回填

1. 必须回填的情形

有下列情形之一者煤洞必须回填：

（1）开采范围内存在着重要构筑物。当重要构筑物的下部或旁边的煤层用露天采煤机开采完之后，为防止煤洞垮塌，必须对煤洞进行回填，保护重要构筑物不因露天开采而毁坏，如和泰煤矿境界内的荣乌高速公路、尔格图煤矿境界内的岩画等。

（2）当煤洞上部需要道路通过时。道路有车通过时会对下部岩体产生较大的冲击力，为防止煤洞垮塌导致公路变形、运输车辆毁坏，必须对公路下边的煤洞进行回填。

（3）煤洞存在半年以上。有时因开采次序的需要，进行边帮采煤后残留的煤洞洞口并不能及时封堵，对露天采矿产生较大的影响，必须及时回填洞口，以减少边帮采煤对露天矿正常生产的影响。

2. 回填的优点

（1）露天矿回填后，可以降低煤洞上部破裂区域的高度。回填并不是100%的，回填是80%的空间进行回填，其余的20%空间并没有回填上，这样做主要是为了减小煤洞上部破裂岩石的高度，在上部有公路时这样的高度不足以使道路发生严重变形，影响车辆的安全运行。

（2）为防止矿外人员、牲畜误入煤洞躲避风雨。雨天或雨后是边坡发生滑坡的危险期，雨天要使露天采煤机停止工作，防止发生滑坡现象压坏设备。外矿人员、牲畜因不了解露天采煤机工作的危险性，将煤洞当成躲避风雨的安全地点，误入其中是可能发生的。

（3）为了保护煤柱的安全。大量揭露井工矿工作面表明，煤洞煤层的破坏都是双曲线形，双曲线与水平面的夹角反映煤柱破坏的情况，部分回填以后其煤柱的长度只有原来的20%，即使发生煤柱损坏，其深度也是很短的。

（4）减少洞内空气流动，减轻多种因素对煤柱的破坏。当洞口回填之后，洞内的空气与洞外的空气联系减少，洞内发生煤柱损坏的可能性大幅减小。

（5）防止煤柱自燃。露天煤矿开采的煤层大部分属于易自燃煤，煤柱长期暴露在空气中会发生自燃现象，影响煤柱的支撑作用，煤洞回填以后将大幅减小煤层自燃的可能性。

3. 回填方法

露天采煤机开采后残留煤洞的回填，可以用胶带机运输回填物，回填物主要是块度较小的剥离物。将两节25 m长的胶带机推入煤洞中，第一节用倾斜胶带，其高度可调，一般将胶带机的顶头调到比煤洞高度矮20 cm的高度，外部用装载机将充填物装到胶带上，当顶部卸载达到一定程度时将胶带链向外拉出3 m。再重复上述过程，直到将胶带机全部拉出煤洞为止。

充填物为露天矿块度较小的剥离物，出现个别大块时可用装载机砸碎。

回填部分的煤洞一般只适用于条状开采而不适用于网状开采，回填处只是煤壁而不是煤柱，这一点必须在设计时就明确说明。

4. 回填成本

经计算，在内蒙古鄂尔多斯市地区目前的回填成本为 18 元/m^3，这里不包括回填物的取用和运输等费用。当回填物取用比较困难的时候，该值可能变大。

三、边帮压煤回收顺序

1. 首边帮回收位置的确定

像露天矿设计一样，露天矿边帮采煤机的工作也需确定首采区位置，即边帮采煤机最先工作位置。

目前我们所面临的露天矿大部分是已经开采一部分的露天矿，很多煤矿已经实现了内排，露天采煤机的首采位置一定与露天矿开采现状位置相适应，现在哪里的煤层出露，哪里就是首采区位置，这是不能事先确定的。

2. 回收位置的确定

露天矿的回收位置是指露天采煤机位于露天矿的工作帮和非工作帮，我们认为露天矿的回收位置位于工作帮较好，这是因为以下原因：

(1) 工作帮比非工作帮更加安全。工作帮的矿岩没有经过开采，处于原始状态，它的支撑力比非工作帮要大得多，因为内排的岩石是松散的，岩体的可塑性较大，支撑力较小。

(2) 在一个矿有两层及两层以上可采煤层时，露天采煤机设在工作帮才能很好地贯彻先上后下的原则。按照正常的露天开采程序，先露出上部煤层后露出下部煤层，这符合我们先上后下的采煤要求。如果设在非工作帮，必须先将剥离物堆起，采完上层边帮煤后还要将堆起的剥离物去掉才能开采下部煤层，增加了剥离量。

(3) 便于和露天开采相一致。露天采矿中煤层需要外运，露天采煤机采出的煤同露天矿正常生产出的煤一同外运，使用同一运输通道，减少了运输费用。

四、先上后下原则的确定

露天采煤机工作时必须严格执行“先上后下”的原则，尤其在两层煤层相距较小时特别重要。先上后下的原则是保证煤层开采的安全条件，保证开采上层煤的时候机器不会掉入下层煤的采空区。煤洞长度往往很深，露天采煤机往往是沿煤层底板向前推进，即使在开口处两层煤相距较大也不能保证几百米之后两层煤的间距，其间还要通过很多地质构造，先开采下层煤后开采上层煤是非常危险的。

露天矿中广泛存在着煤层分岔的情况，例我们说 5-1 煤层、5-2 煤层，就是 5 号煤层分为两个分煤层的结果。分岔煤层的间距是变化较大的，两层煤往往相距较近，中间的夹矸很多时候不能支撑采煤机的重量，所以必须严格执行“先上后下”的原则。

当两层煤相距较大时，可以不执行这个原则，前提是在任何时候两层煤之间的夹矸都不能使采煤机掉入下层煤的采空区。

五、煤层开采的回塑

所谓煤层开采回塑，是指已经被内排土场压住的煤层用露天采煤机采出部分煤炭的现象。

在已经实现了内排的露天矿，边帮采煤需要一定的回塑，这时采煤机不能垂直于台阶工作，回塑是将已经内排压住的部分边帮煤炭，用边帮采煤机采出，边帮采煤机与台阶呈 45°角布置，采煤机进入已经内排压住的边帮进行开采。边帮回塑采出煤量可用下式计算：

$$p=\frac{1}{2}L^2 \cdot H \cdot R \cdot Z$$

式中 p——回塑采出煤量，t；

L——边帮压煤的长度，m；

H——煤层厚度，m；

R——煤的容重，t/m³；

Z——露天采煤机回采率，条状开采 $Z=60\%$。

能够采出多少呢？如煤层厚度 3 m，容重 1.3 t/m³，边帮压煤长度为 150 m，采出率 $Z=60\%$，计算结果一侧为 2.63 万 t，两侧为 5.26 万 t。如果开采成本 22 元，售价 260 元（这是鄂尔多斯市二精煤现行价格），将使煤矿盈利 1 253.07 万元，这些费用足以使煤矿购买 3 台掘进机机头的露天采煤机或 1 台连采机机头的露天采煤机，而这只需要露天采煤机工作 19 d。

六、各开采煤层所留煤柱须采用垂直对齐方式

当露天矿开采多层煤时，露天采煤机进行边帮开采必须各开采煤层所留的煤柱垂直对齐，这主要是为了防止上层煤柱对下层煤采空区而采取的安全措施，这就必须使各个煤层的煤洞宽度和煤柱宽度一致，如果不一致，各层煤的煤柱就不可能在一条垂直线上，会造成上一煤层的煤柱在下一层煤洞的采空区上，上一层的煤柱会将下一层的煤洞压塌，这是非常危险的。

其他的主要内容在本书第二章已论述，这里不再赘述。

第二节 边帮采煤可行性经济分析

以鄂尔多斯市某露天矿为例，说明边帮采煤的可能性，该露天矿的具体情况如下。

一、原始图纸

1. 地质部分

地质部分原始图纸应包括地质地形图及煤层底板等高线图。该煤矿露天采煤机共采 4 层煤，分别是 3-1 煤层、4-1 上煤层、4-1 下煤层、5-1 煤层，其煤层赋存状况详见图 3-1～图 3-4，其中在开采范围内煤层 4-1 与 4-2 相距只有 0.2～0.3 m，两层煤合并成一次开采。

该煤矿地质地形情况详见图 3-5。

2. 初步设计利用图纸

在进行边帮采煤设计时，露天矿已开采多年，现在的状况和当初露天矿未开采时相差很大，露天矿边帮采煤设计是在现状的情况下进行的，设计者必须了解露天矿现状情况，详见图 3-6 和图 3-7，露天矿与周边相邻矿关系详见图 3-8。露天采煤机工作需要电力供应，其工业场地箱变系统详见图 3-9。

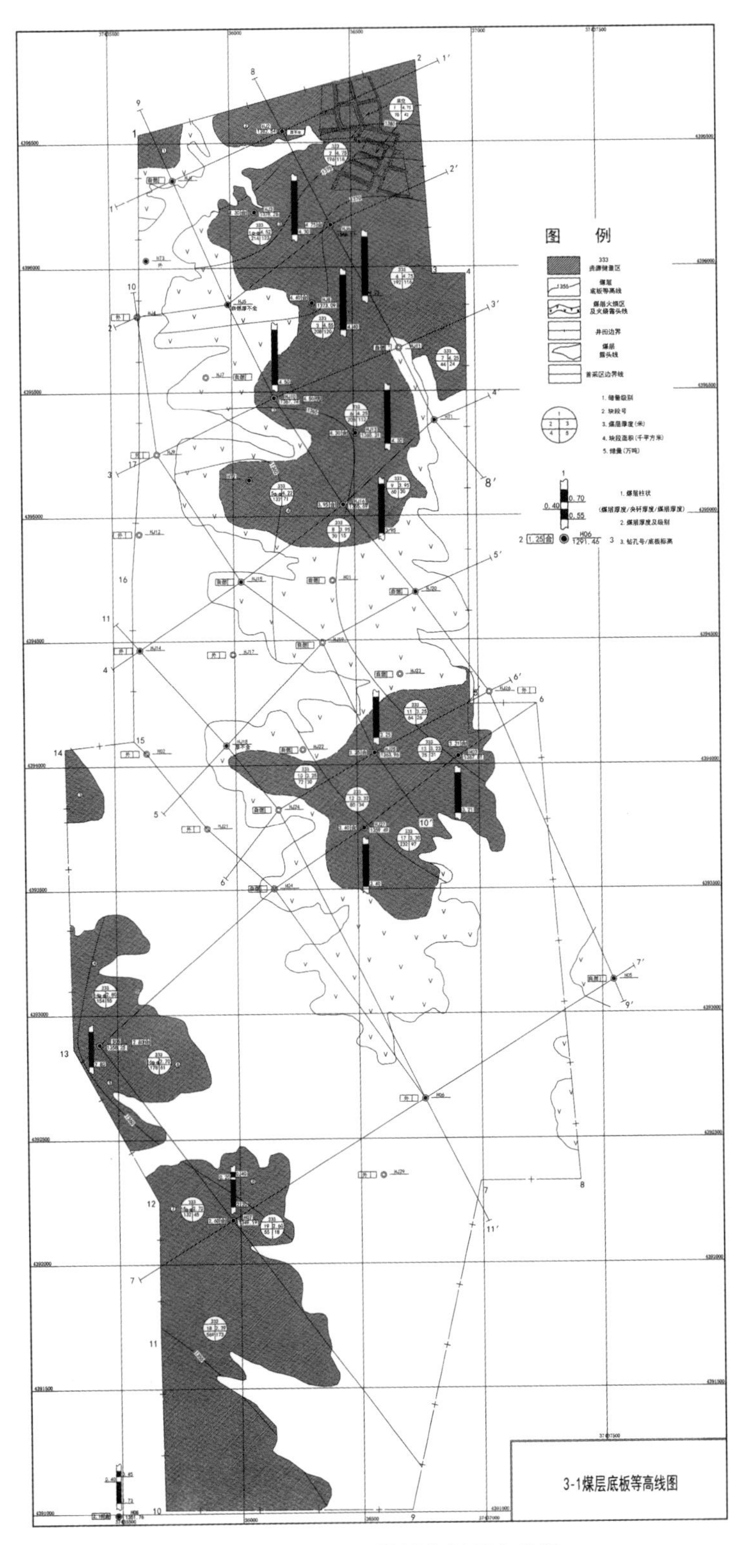

图 3-1　某矿 3-1 煤层底板等高线图

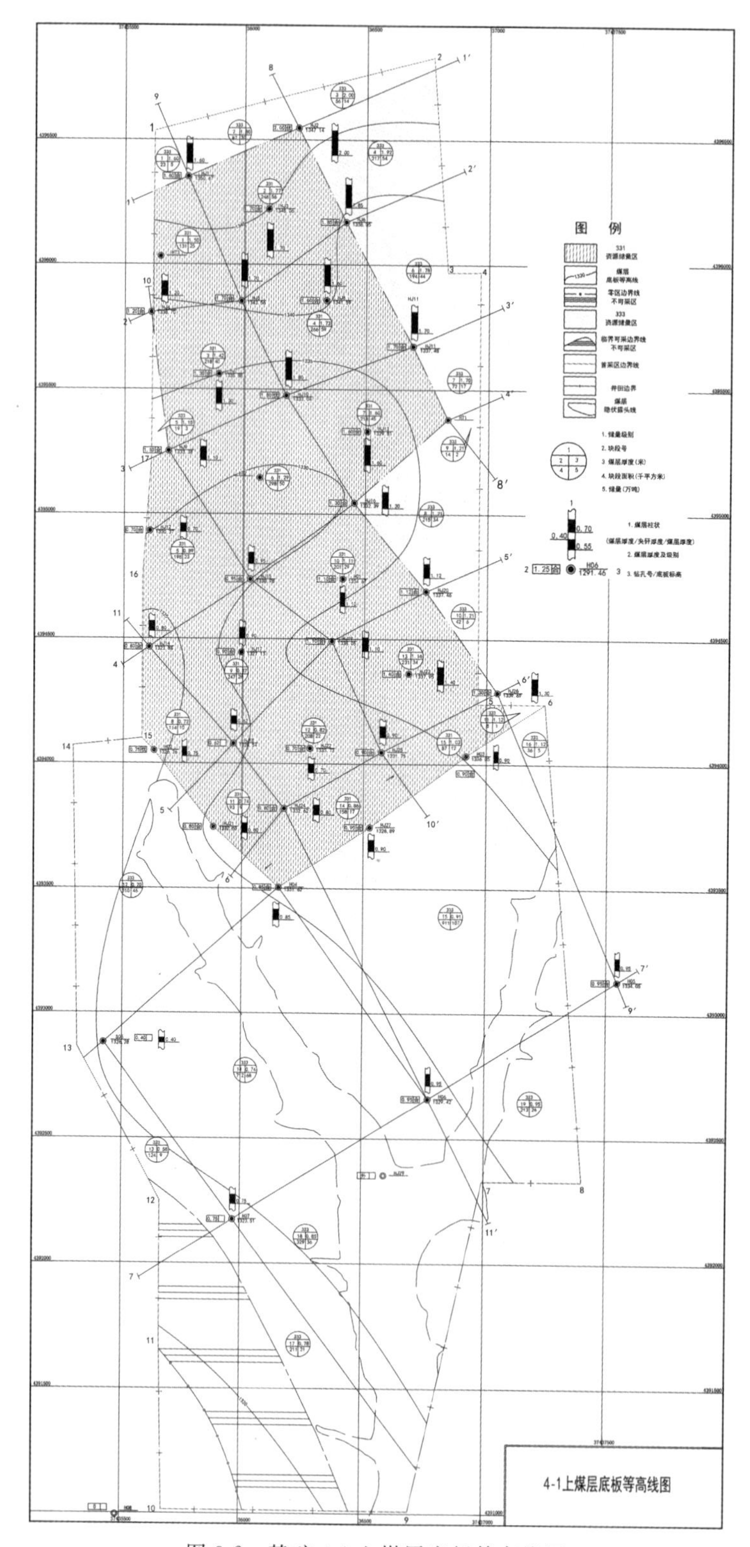

图 3-2　某矿 4-1 上煤层底板等高线图

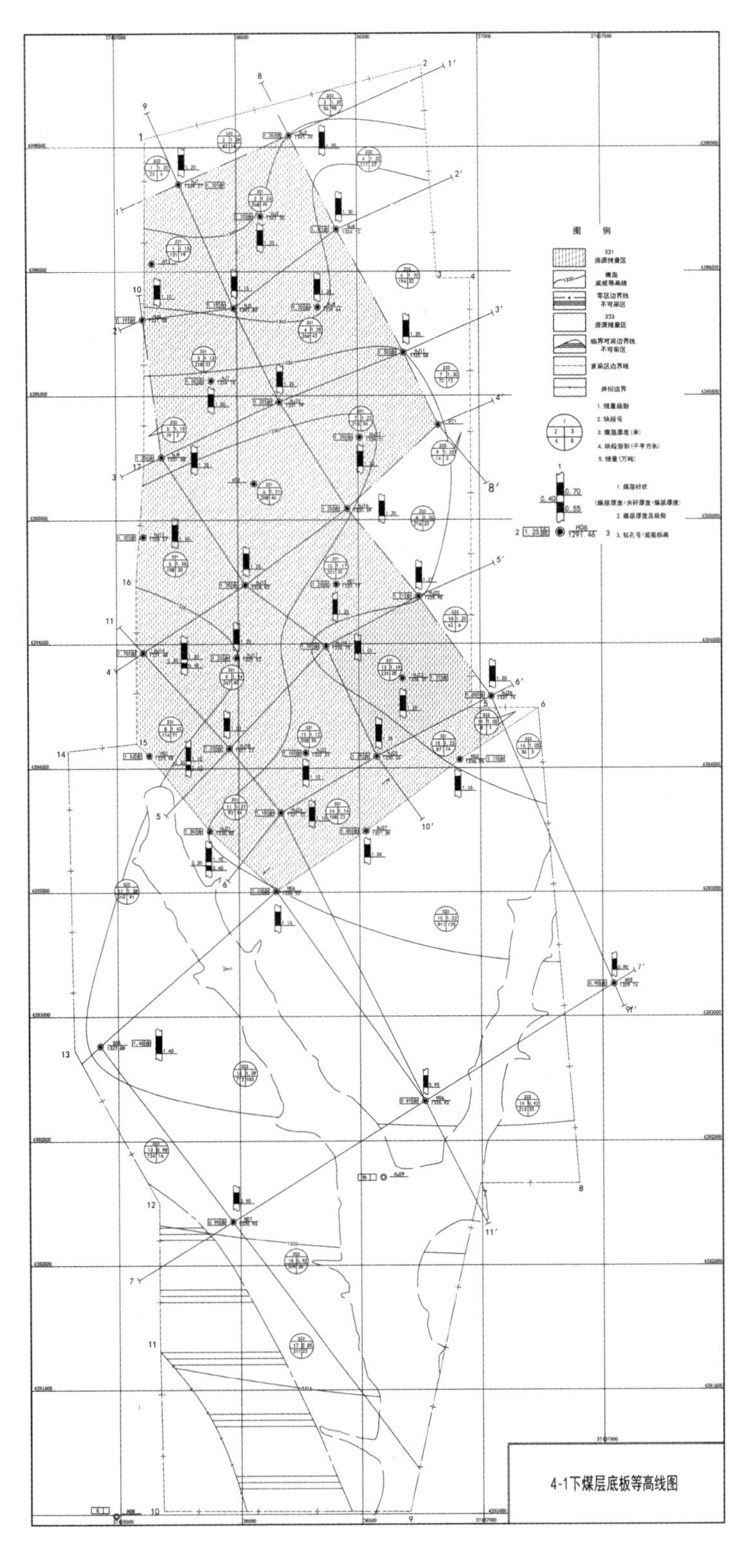

图 3-3　某矿 4-1 下煤层底板等高线图

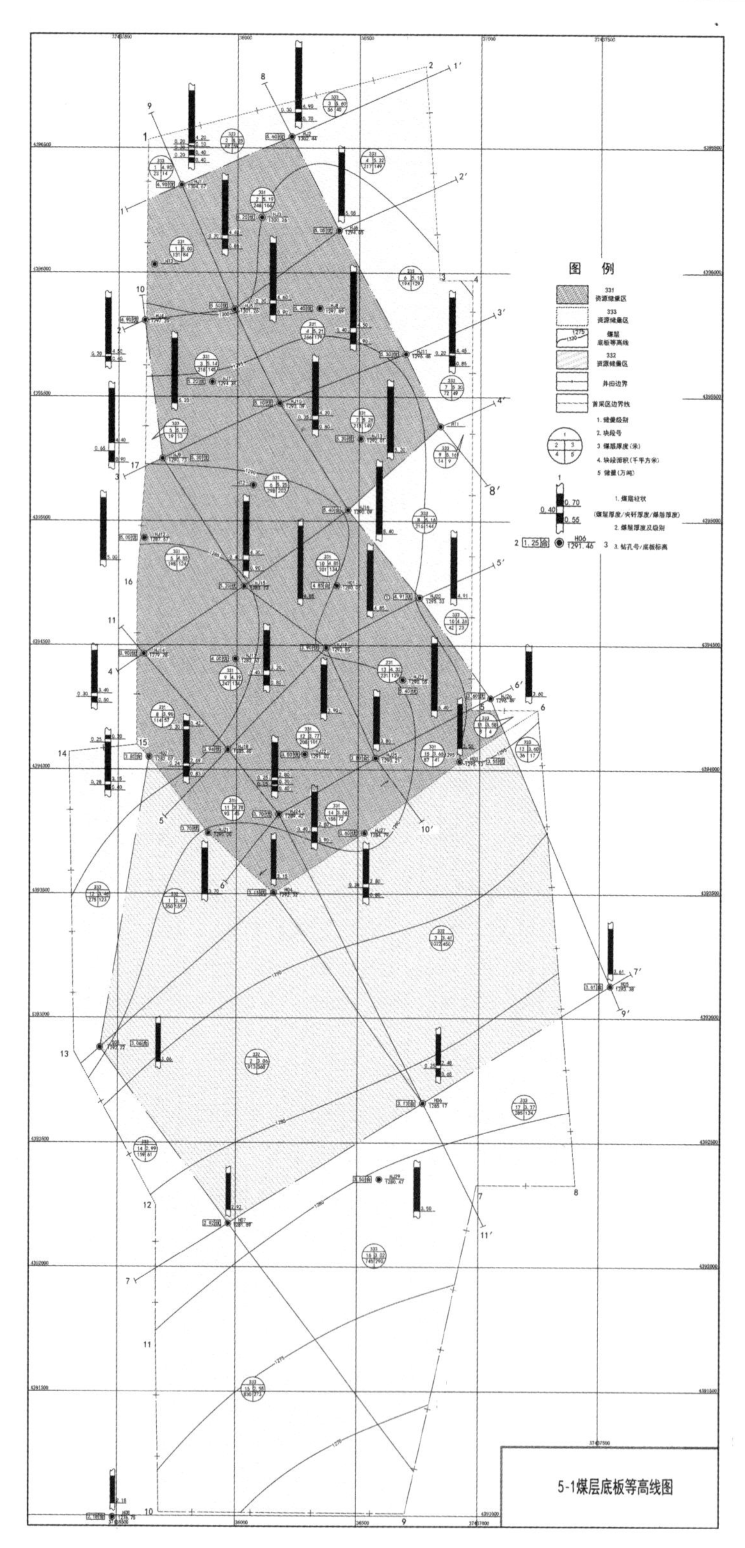

图 3-4 某矿 5-1 煤层底板等高线图

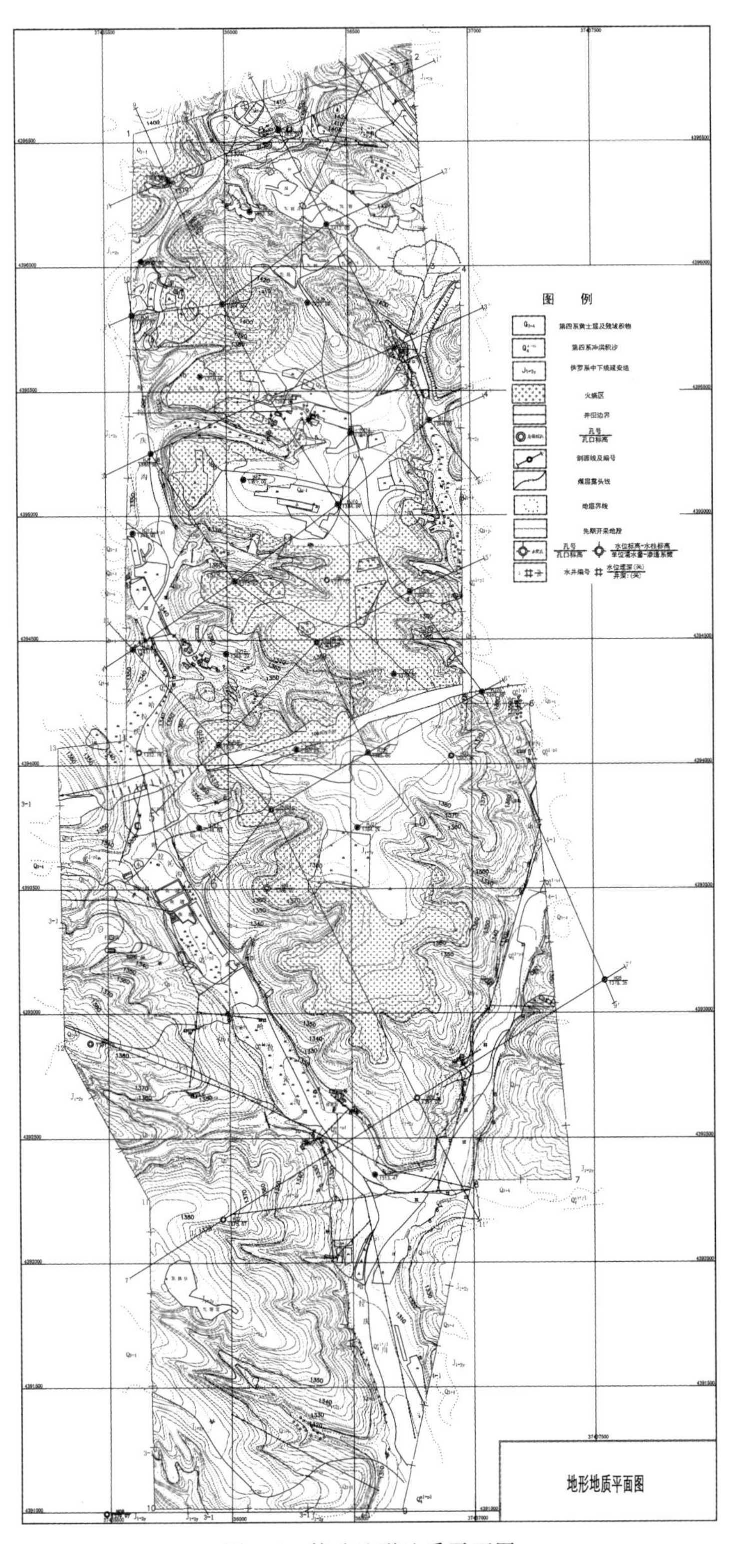

图 3-5　某矿地形地质平面图

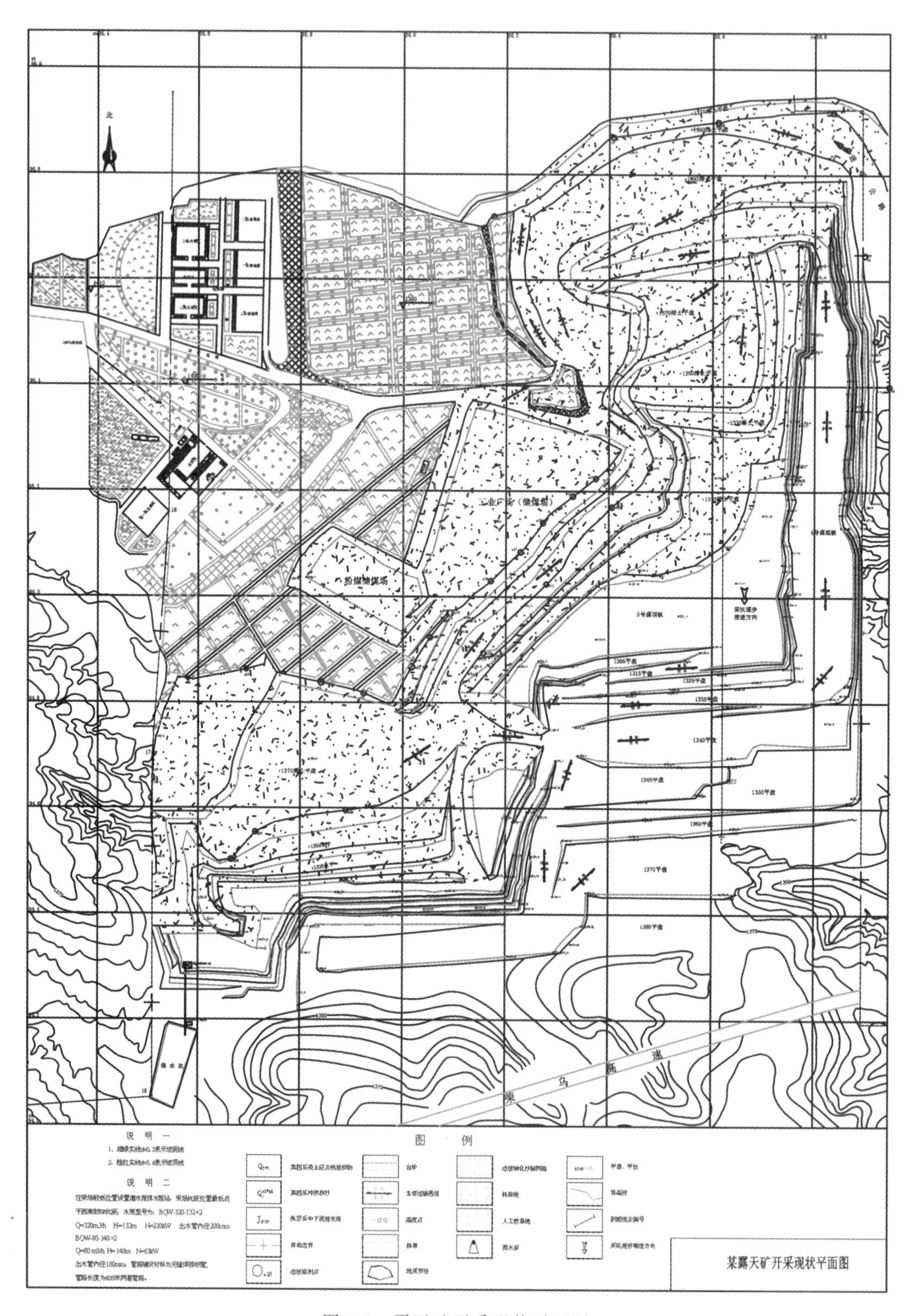

图 3-6　露天矿开采现状平面图

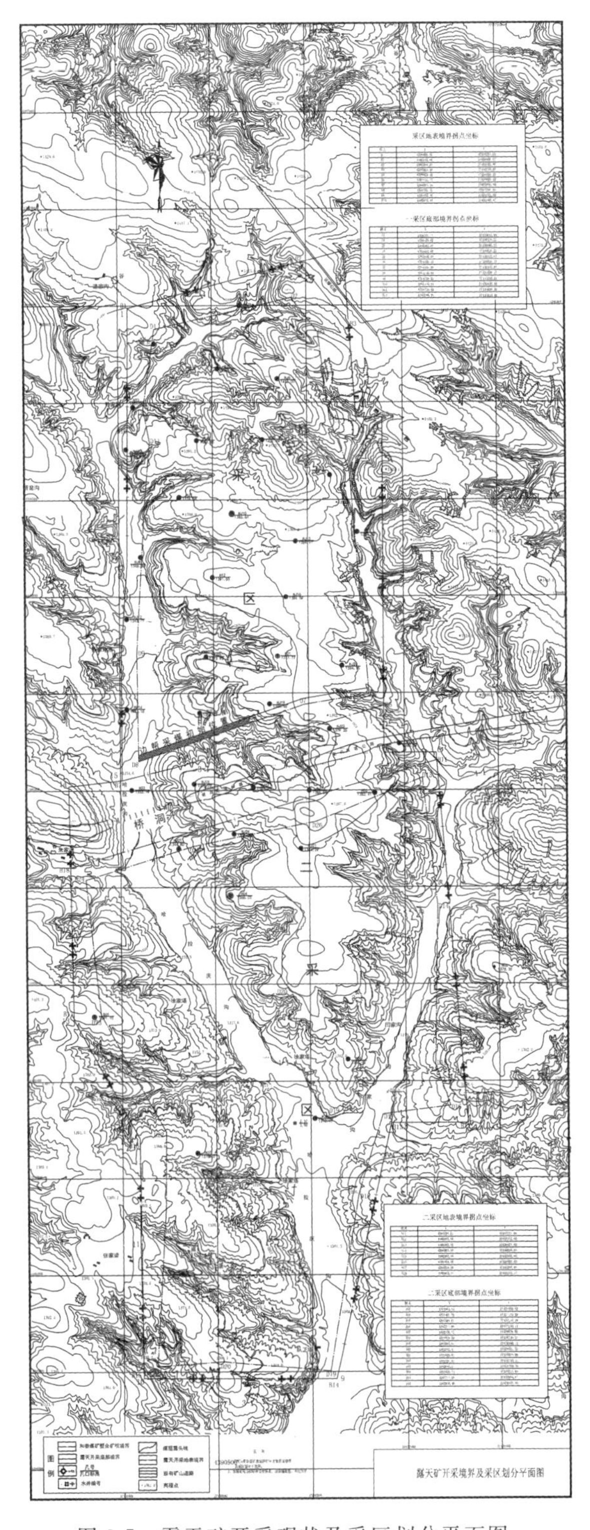

图 3-7　露天矿开采现状及采区划分平面图

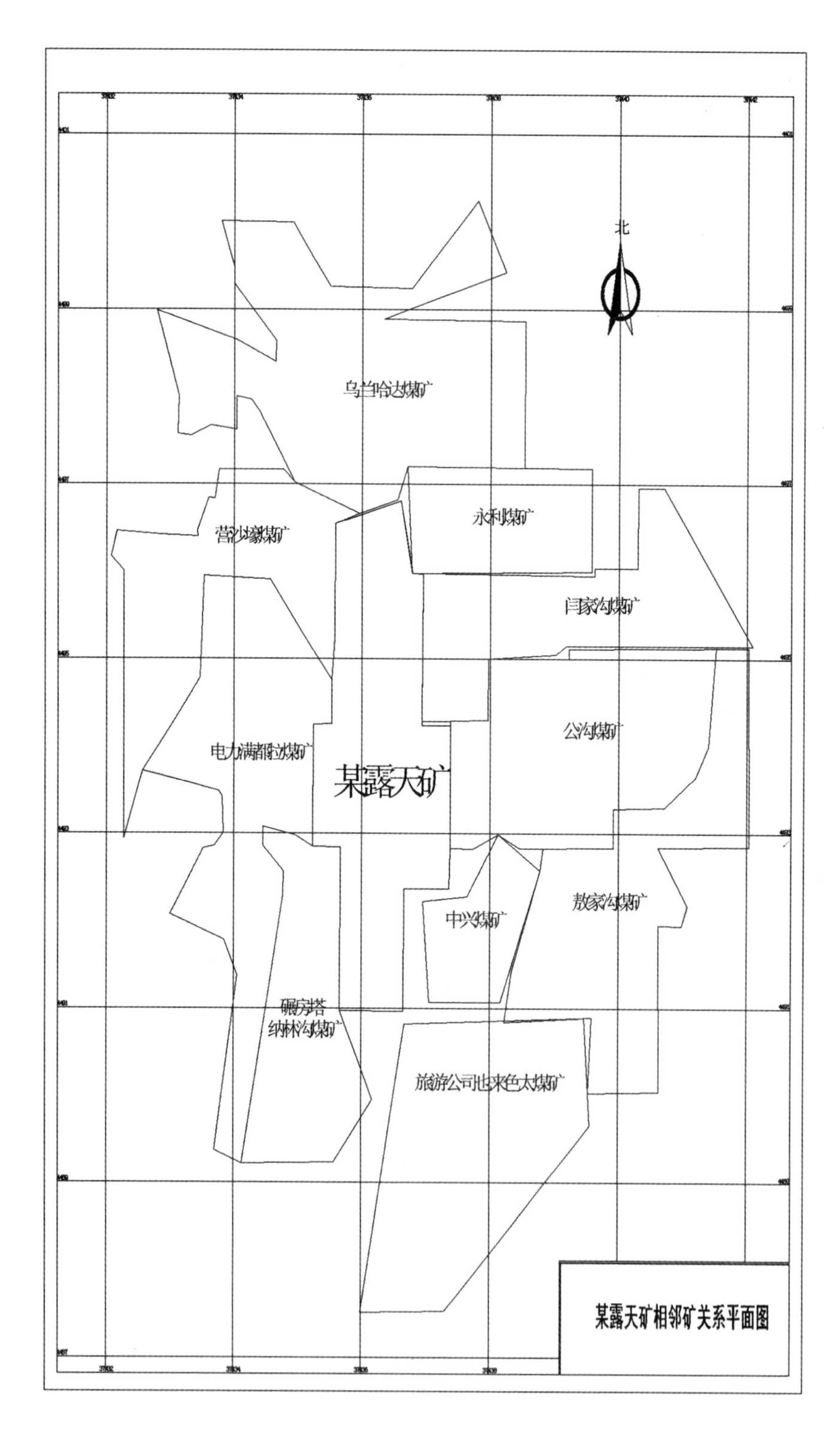

图 3-8　相邻矿关系平面图

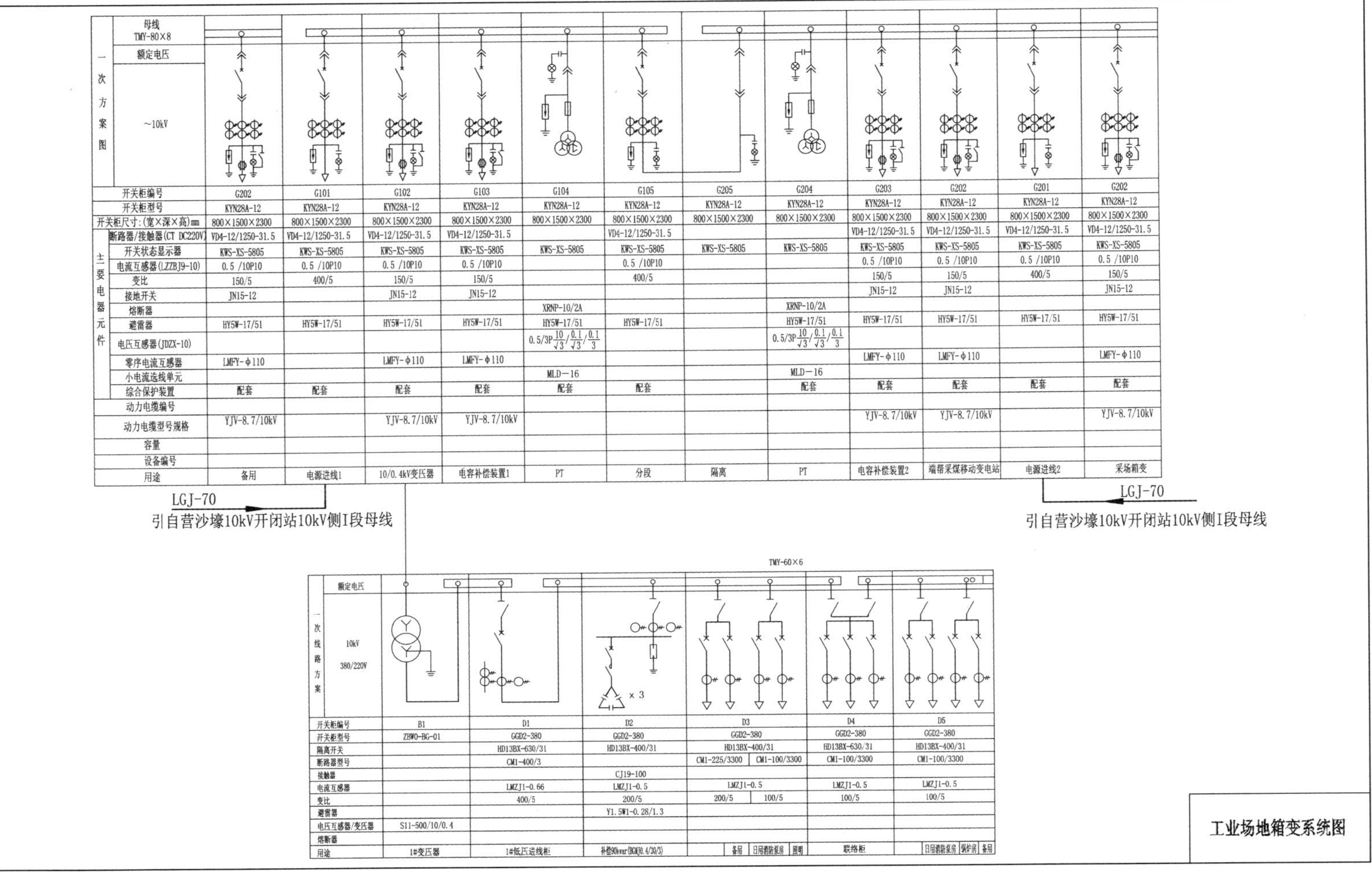

图 3-9　工业场地箱变系统图

二、某煤矿露天采煤机开采主要工作参数及储量计算

1. 露天采煤机工作参数

主要工作参数见表 3-2。

表 3-2　采煤机主要工作参数表

序号	主要参数	设计采用
1	机头的选用	采用掘进机机头
2	机头的台数	2 台
3	煤洞的宽度	2.70 m
4	煤洞的高度	3-1 煤按煤层厚度;4 号煤组按 4-1 和 4-2 合并的煤层厚度;5-1 煤厚小于 3.9 m 时不分层,煤厚大于 3.9 m 时按两个采高计算,第一个 1.8 m,其余部分划归第二个
5	煤洞的深度	3 号煤层最深 38 m,4 号煤组最深 80 m,5-1 煤层最深 130 m
6	煤洞的倾角	以煤层倾角为煤洞角度,倾角为 3°～5°
7	单节皮带长度	12 m
8	煤洞外工作平盘宽度	35 m
9	煤洞顶上平盘宽度	5 m
10	煤洞的形状	3-1 和 4 号煤组为矩形,5 号煤层上层为拱形,下层为矩形
11	煤洞间安全煤柱宽度	1.8 m
12	采煤机的工作位置	绝大部分在工作帮,极少部分在非工作帮
13	采煤机服务年限	13.6 a
14	采煤机生产能力	29.73 万 t/a

2. 储量计算

在进行边帮采煤设计工作时,露天矿的北部已开采完毕,大部分边帮已被内排土场掩埋,不能进行边帮采煤工作,这部分煤炭已经丢失,无法回收,现在的储量计算的是今后能够回收的边帮资源量。经计算边帮采煤机可采范围内可采资源储量共计 289.06 万 t,其中 3-1 煤层边帮压煤回收量计算如图 3-10 所示;4-1 上煤层边帮压煤回收量计算如图 3-11所示;4-1 下煤层边帮压煤回收量计算如图 3-12 所示;5-1 煤层边帮压煤回收量计算如图 3-13 所示。

三、矿山供电及主要技术经济指标

露天采煤机的供电是露天矿供电的一部分,在很多情况下一两台露天采煤机和整个露天矿山供电的规模相差不多,所以露天采煤机的供电是一项重要的工作,某矿山边帮采煤系统的供电详见图 3-14。

边帮采煤机采出的煤炭与露天矿正常生产时采出的煤炭一同运至煤场处理,经选煤、计量、销售等环节销往用户。边帮采煤机的开拓运输系统与露天矿正常生产走同一通道,该矿设计的采矿部分没有什么深奥之处,详见表 3-3 露天采煤机作业的主要技术经济指标表。

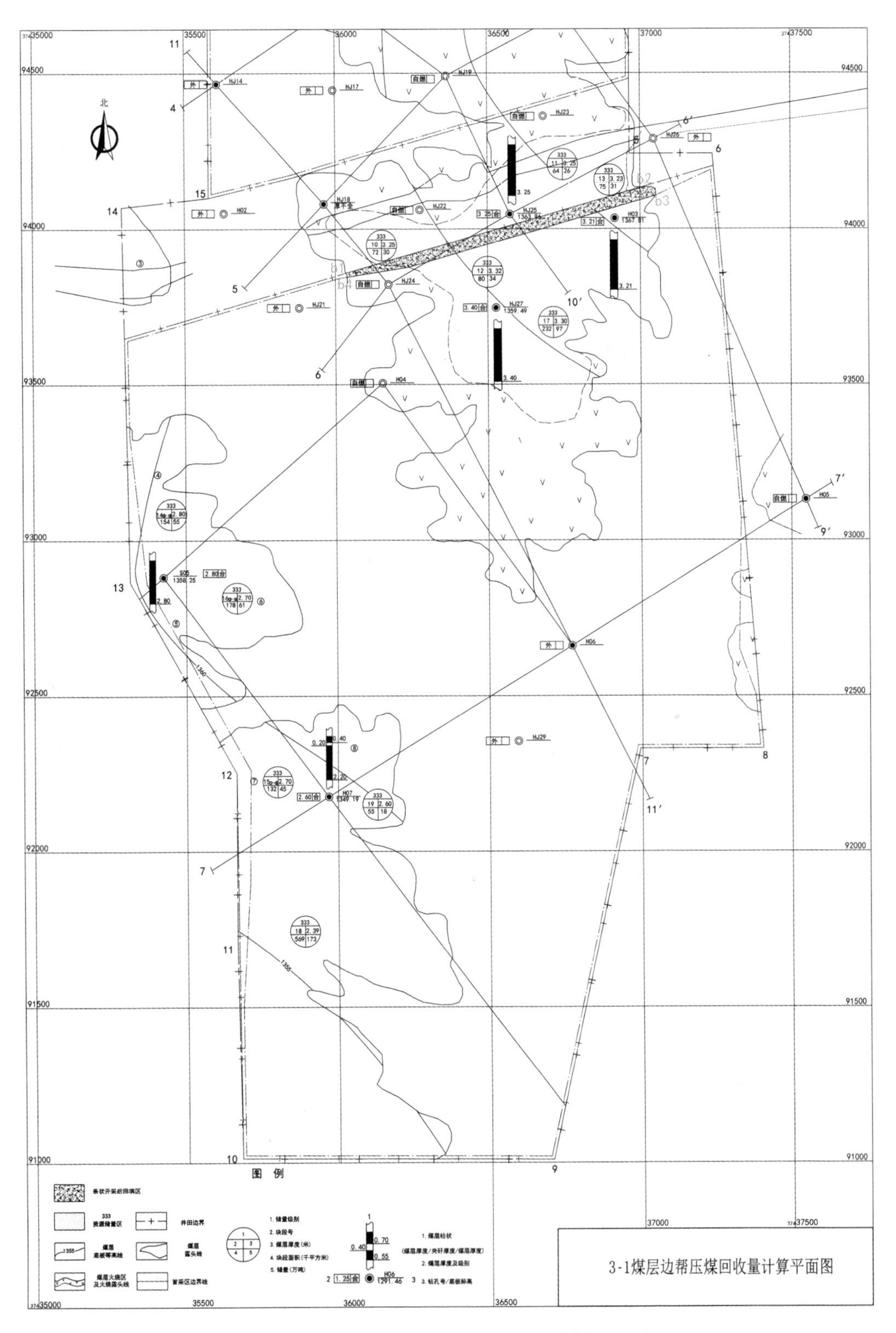

图 3-10　3-1 煤层边帮压煤回收量计算平面图

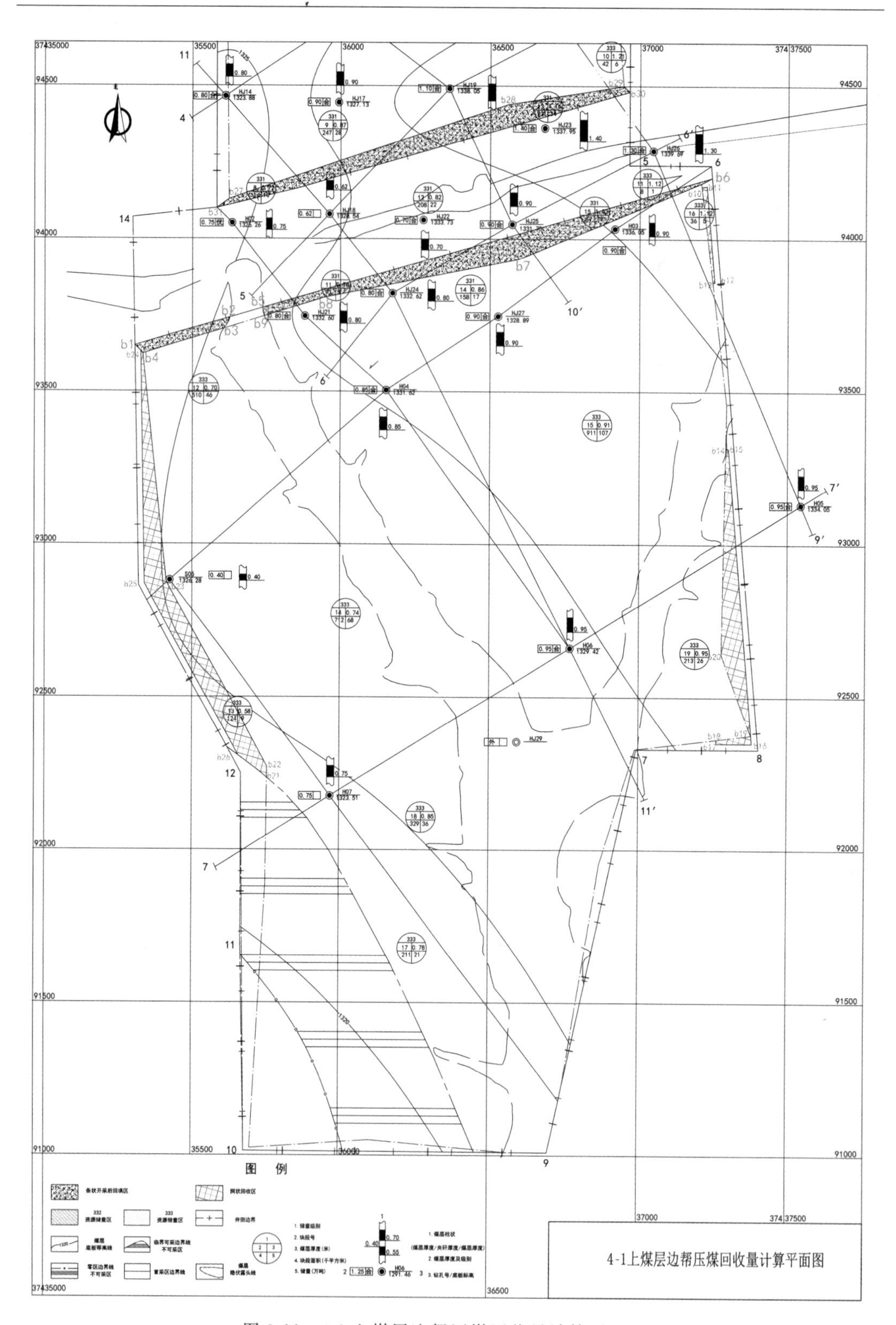

图 3-11　4-1 上煤层边帮压煤回收量计算平面图

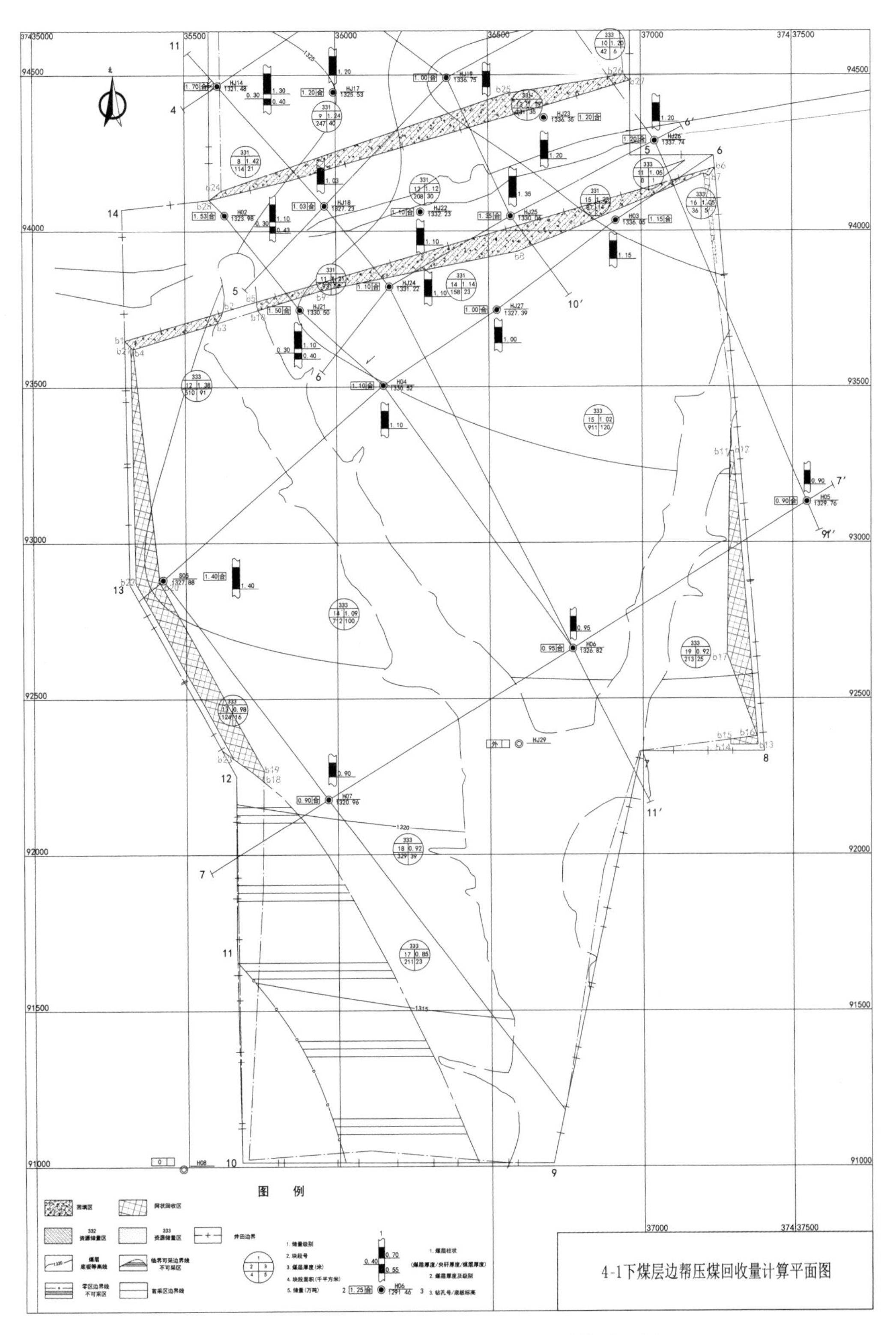

图 3-12 4-1 下煤层边帮压煤回收量计算平面图

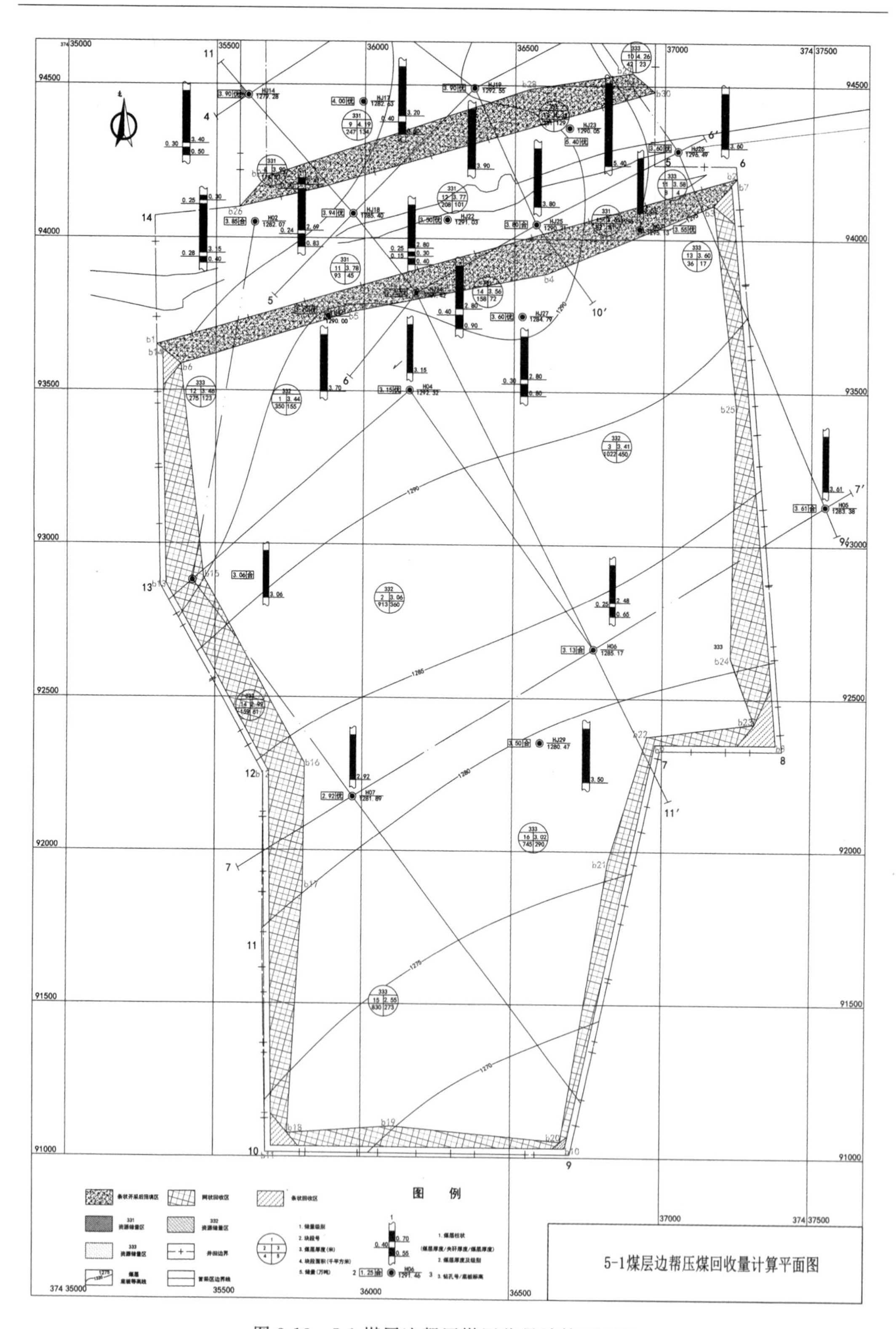

图 3-13　5-1 煤层边帮压煤回收量计算平面图

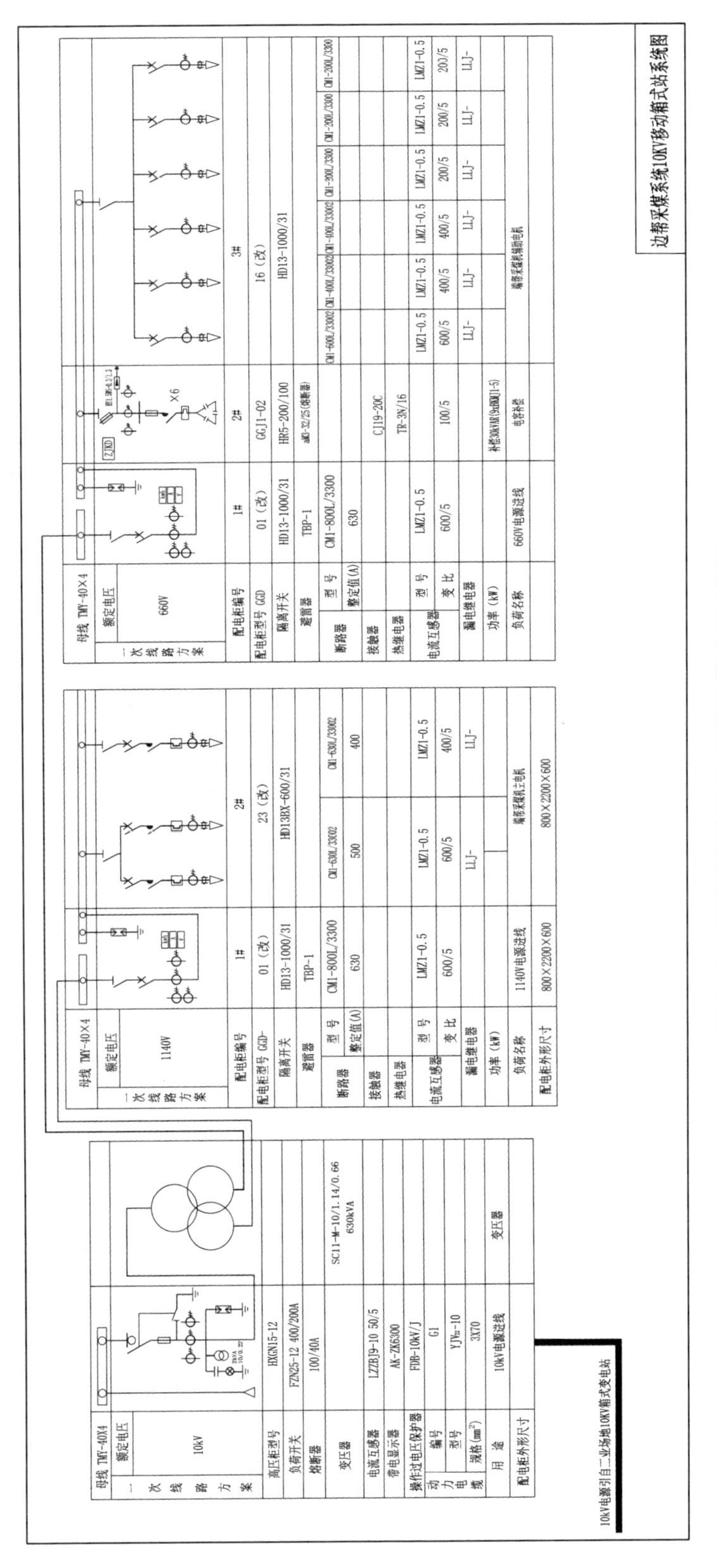

图 3-14 边帮采煤系统 10 kV移动箱式站系统图

表 3-3　　露天采煤机作业主要技术经济指标表

序号	指标名称	单位	指标	备注
1	露天矿煤矿主要技术特征			
1.1	地表境界平均长度	km	2.67	
1.2	地表境界平均宽度	km	1.55	
1.3	地表境界面积	km^2	7.80	
1.4	最大开采深度	m	130	
1.5	最终帮坡角	(°)	35	
2	煤层			
2.1	可采煤层数	层	4	
2.2	可采煤层总厚度	m	14.53	
2.3	煤层倾角	(°)	<3	
3	煤类		不黏煤	
4	露天煤矿设计生产能力			
4.1	年生产能力	万 t/a	90	
4.2	日生产能力	t/d	2 727	
5	露天煤矿主要设备			
5.1	采掘设备	套	2	EBJ-120TP
5.2	运输设备	台	50	32 t 自卸卡车

四、露天开采成本计算

这里主要分析的是露天采煤机开采成本与正常露天开采成本。

正常露天开采生产成本：

$$d_1 = \sum n_i \cdot b_i + a + G$$

式中　d_1——露天矿生产的车间成本，元/t；

n_i——第 i 种岩石的剥采比，m^3/t；

b_i——第 i 种岩石的剥离车间成本，元/m^3，b_i=爆破成本+剥离成本，b_i 最少分为两类，一类是不需爆破的表土，另一类是需要爆破的岩石，爆破的成本随岩石的硬度变化很大，不同的岩石爆破成本是不同的，剥离成本与岩石硬度变化不大，它包括采装、运输及排弃三部分，一般在 5.3 元/m^3 左右；

a——采矿车间成本，元/t；

G——其他车间成本(这里主要是复垦成本和排水成本)，元/t。

任何新发明、新创造都必须在经济上可行，经济上不可行的发明创造没有推广意义。

五、投资估算

1. 投资估算计算范围

边帮采煤投资估算费用由边帮采煤机及其附属设备的购置费用、安装工程投资、工程建设其他费用、工程预备费、建设期投资贷款利息及流动资金等组成。

2. 投资估算编制依据

某露天矿设计工程量按煤规字(2000)第183号文《煤炭建设地面建筑工程概算指标》、《煤炭建设机电安装工程概算指标》以及中煤建协字[2011]72号文《煤炭建设其他费用规定》(修订)编制;矿建剥离工程投资参照煤规字(1995)第176号文《煤炭露天剥离工程综合预算定额》编制,并结合实际外包剥离工程的具体情况经综合分析后确定;工程取费执行煤规字(2000)第48号文颁发的取费标准;矿山公路执行国家交通部2007年第33号文颁发的最新估算定额指标及配套的费用标准。上述定额指标依据邻近矿区最近批复的估算价差综合调整系数进行价差调整。主要装置性材料按矿区现行材料预算价格计算。工程预备费按6%标注计列。

设备价格采用国内外厂家最新报价信息,不足部分参照《中国机电产品报价目录》编制。

3. 建设投资

以下以鄂尔多斯市某煤矿为例,说明各项图表的格式文字说明的方法,投资的具体数额详见边帮采煤工程投资汇总表3-4。

表3-4　露天采煤机工程投资汇总

序号	生产环节或费用名称	估算价值/万元						吨煤投资/(元/t)	占总投资比重/%
		矿建工程	土建工程	设备及工器具购置	安装工程	其他费用	合计		
一	施工准备工程								
二	采剥工程			350.00	14.00	21.84	385.84	20.52	94.34
三	矿岩运输								
四	排土工程								
五	地面生产系统								
六	地面运输								
七	疏干及防排水								
八	通信及生产自动化								
九	供电系统								
十	室外给排水及供热								
十一	设备维修系统								
十二	专业仓库								
十三	行政福利设施								
十四	场区设施								
十五	环保工程								
十六	工程建设其他费用								
	计			350.00	14.00	21.84	385.84	20.52	

续表 3-4

序号	生产环节或费用名称	估算价值/万元						吨煤投资/(元/t)	占总投资比重/%
		矿建工程	土建工程	设备及工器具购置	安装工程	其他费用	合计		
十七	工程预备费(6%)			21.00	0.84	1.31	23.15	1.23	5.66
十八	建设项目总造价			371.00	14.84	23.15	408.99	21.75	100
十九	吨煤投资/元			19.73	0.79	1.23	21.75		
二十	占总投资比/%			90.71	3.63	5.66	100		
二十一	铺底流动资金						70.00		
	建设项目总资金						478.99		

4. 流动资金

流动资金采用分项详细估算法，按月统计，经计算，流动资金总需要量为 38 万元，铺底流动资金 70 万元。

六、资金筹措

1. 资金筹措

本项目所需资金由企业自筹，资金由股东按股份比例分摊。

2. 融资方案分析

本项目资金全部自筹。

本项目建成后，产品主要为电厂提供动力用煤，届时边帮采煤的收益将达到国内同行先进水平，市场前景广阔，而且随着国家融资体制的改革，本项目的资金是有保证的。

七、财务评价

1. 财务评价依据及范围

本次财务评价是依据《煤炭建设项目经济评价方法与参数》所规定的方法和参数，在国家现行财税制度和价格体系的前提下，从项目的角度出发，计算项目范围内的财务效益和费用，分析项目的盈利能力、偿债能力和财务生存能力，评价项目在财务上的可行性。

2. 其他相关数据

本项目设定为“独立核算”经济实体，应缴纳增值税、城市维护建设税、教育费附加、资源税和所得税。增值税税率为 17%，城市维护建设税和教育费附加分别为增值税的 5% 和 1%；根据国家已经颁布实施的税法政策，所得税计取标准为利润总额的 25%；基准财务内部收益率为 10%。

3. 成本费用

边帮采煤投产后经济计算期各年生产成本的计算，是在充分借鉴其他既有露天煤矿近年来实际发生的财务报表资料的基础上，采用以设备运营费为中心指标体系及管理费、其他工料消耗等有关指标按实物组合法计算。具体计算原则如下：

（1）材料费：边帮采煤没有材料费，零配件更换一并计入修理费。

（2）动力费：本次设计将边帮采煤作为独立核算的经济实体考虑，生产电价按项目所在地区工业电价0.55元/(kW·h)计算。

（3）职工薪酬：根据劳动定员和类似生产矿区的实际工资单价水平计算，福利费按职工工资的14%计算，“五险一金”等按工资总额的45%计列。

（4）修理费：边帮采煤修理费用系根据相关设备价值及不同设备修理费率统计指标计算。

（5）折旧费：设备折旧年限为5年。

（6）安全费：该项费用已由露天矿缴纳。

（7）维简费：根据国家新颁发的文件法规，按8.50元/t标准计取。

（8）摊销费：该项费用在边帮采煤中不进行计算，由露天矿统一结算。

（9）外包工程费：无。

（10）其他支出：由露天矿生产管理费、矿场资源补偿费、工会经费、生产期间发生的少量征地费用、土地复垦费、环保绿化等组成。该项费用由露天矿统一支付，边帮采煤不予计算。

（11）财务费用：由生产经营期发生的工程贷款利息及流动资金利息两部分组成。

边帮采煤单位成本费用计算见表3-5。

表3-5　边帮采煤单位成本费用计算表

序号	费用要素	金额/(元/t)	备　注
一	经营成本	30.65	
1	材料费		
2	燃料及动力费	4.71	
3	职工薪酬	1.20	
4	修理费	2.53	
5	销售费用	1.00	
6	其他支出	6.21	
7	煤炭价格调节基金	15.00	
8	外包工程费		
二	安全费用	5.00	
三	折旧费	4.35	
四	维简费	4.00	
五	井巷工程费		
六	摊销费		
合　计		44.00	

4. 销售收入、销售税金及附加的估算

(1) 年销售收入估算

根据产品煤煤质并结合本地区近期煤炭销售价格及市场销售情况的预测,边帮采煤投产后商品煤折合原煤坑口售价(含税)暂定为 270 元/t,年销售额为 5 076 万元。

(2) 销售税金及附加

本项目的销售税金及附加包括增值税、城市维护建设税、教育费附加和资源税。

增值税为销项税额减进项税额。销项税率为 17%,进项税率为 17%,城市维护建设税率为 5%,教育费附加为 1%,资源税按吨煤 3.20 元计取。其增值税为:

$$270\times18.8\times17\%/1.17-(2.14+3.5)\times18.8\times17\%=719.51(\text{万元})$$

城市维护建设税按增值税的 5%、教育费附加为 1%,两项合计为:

$$719.51\times(1\%+5\%)=43.17(\text{万元})$$

资源税按 3.2 元/t:

$$3.2\times18.8=60.16(\text{万元})$$

经计算,露天矿正常生产年份的销售税金及附加费为:822.84 万元。

5. 财务分析

(1) 盈利能力分析

项目建成投产后,企业财务评价主要经济指标详见表 3-6。

表 3-6　项目企业财务评价主要经济指标汇总表

序号	项目名称	单位	财务评价主要经济指标	备注
1	设计规模	万 t	18.8	
2	平均售价	元/t	270	
3	销售收入	万元	5 076	
4	生产成本	万元	827.2	
5	税金	万元	822.84	
6	利润	万元	4 253.16	
7	达产年利润	万元		
8	工程煤	万元		
9	税后利润	万元	2 849.62	
10	建设项目总资金	万元	478.99	
11	投资利润率	%	594.92	税后
12	财务净现($i=10\%$)	万元	15 480	
13	投资回收期	a	0.11	
14	财务内部收益率	%	83.2	

从表 3-6 中的经济参数可见,边帮采煤建成投产后,因收益于煤质好、初始投资少等一系列优势,项目企业财务评价各项经济指标先进。项目企业财务评价全部投资财务内部收益率指标为 83.2%,远远高于煤炭工业建设项目当前推荐的所得税前 10%,由此可

见本项目盈利能力十分优异。

(2) 偿债能力分析

本项目的投入、产出均是在目前市场价格的基础上经综合分析后确定的，能较为客观地反映正常生产经营期的经营水平，本项目的各项评价指标均能满足国家的现行产业政策，并具有很强的盈利能力、偿债能力和抗风险能力。

(3) 财务生存能力分析

本项目建设项目总造价为478.99万元，产品单位成本为44元/t，年销售收入为5 076万元，表明本项目投资较少，成本很低，年销售收入可观；全部投资内部收益率为83.2%（税后），远大于相应行业的基准收益率（10%），财务净现值为15 480万元，远远大于零，税后投资回收期0.11 a，表明本项目除能满足行业的最低财务盈利要求外，还有超额盈余，在财务上是很好的。

八、确定性分析

1. 敏感性分析

因素的不确定性是产生风险的根源。考虑到项目可能受到时间变动、设计深度、价格波动等诸多客观因素变化的制约，评价中使用的基础数据可能含有若干不确定性因素，故对销售收入、经营成本和投资变化作敏感性分析。本项目的投资收益率指标与经营成本和投资间的敏感性因变关系见表3-7，从表3-7中的计算参数可见，本项目对成本变化较敏感，对建设投资变化较不敏感。该工程项目即使冒着产品收入下浮30%的风险，仍可保持较高的获利水平，可见该项目在生产经营过程中具备较强的抗风险能力。

表3-7　**投资收益率变动敏感性分析表**

序号	变化因素	变动幅度						
		−30%	−20%	−10%	基本方案	10%	20%	30%
1	建设投资	88.61	87.08	85.55	83.2	82.5	80.98	79.45
2	经营成本	85.69	84.98	84.03	83.2	82.21	80.41	78.66

从敏感性分析表中可以看出本项目的风险不大，由此可知，本项目是有一定的抗风险能力的。

2. 盈亏平衡分析

根据正常的生产年份固定总成本、可变总成本、销售税金及附加、销售收入这些数据可计算出企业盈亏平衡点为15.96%，即年产量达到3万t时企业就可保本，故本项目的风险很小。

九、综合评价

从以上分析可见本工程项目企业财务评价各项经济指标比较优越。财务内部收益率为83.2%，远高于煤炭工业当前设定的10%行业标准，预测的生产经营期具备很强的抗风险能力，企业财务评价可行。

十、边帮采煤与正常生产的经济比较

正常露天开采生产成本 $d_1 = \sum n_i \cdot b_i + a + G$，剥采比 n_i 分为两种，不需要爆破岩石的剥采比为 2，需要爆破岩石的剥采比为 6.54，爆破费用 2.8 元 /m^3，爆破与不爆破岩石剥离费用 b_i 均为5.7元 /m^3，采煤成本 a 为 6 元 /t，其他成本 G 为 3 元 /t，成本为 76 元 /t。边帮采煤时直接生产成本为 30.65 元 /t。可见边帮采煤的直接生产成本仅为正常生产成本的 40.3%。由此可见，边帮采煤项目经济效益是很好的。

第四章　露天采煤机工作方式之二——留梁采煤方法

第一节　露天矿经济初步预分析

留梁采煤方法就是整个露天矿全部采用露天采煤机开采的方法，在煤洞深度受限制的情况下，煤矿的采煤机的开采方法就叫留梁采煤方法。当机身可以任意接入带自行装置的胶带链后，洞深已不受限制，留梁采煤不需掘那么多的沟道，只需掘一条横沟和一条竖沟(我们称之为十字沟)，我们仍将这种方法也叫作留梁采煤法。

一、对原露天开采预判

露天矿的生产成本、生产剥采比、煤质、岩石硬度、地理位置等诸多生产要素，在没有进行详细设计之前，是无法准确获得的，常出现这种情况，我们对同一指标向不同矿山管理员询问，会得出各种不同的数据，这说明最多只有一个数据是正确的。通常情况下向矿山管理人员询问原设计的技术参数，矿山管理人员总是不把真实情况告知我们，我们必须根据已掌握的具体情况进行分析，得出我们自己的结论。尽管我们的分析还是很粗略的，但是需要我们在很短时间内得出这些数据。

1. 对生产剥采比的估算

统计与现状位置接近的各钻孔资料，必要时可派人员对各处(三处以上)煤层的厚度和土岩的厚度加以统计，特别是对薄煤层(厚度小于 1 m 的煤层)的统计，然后按下式计算：

$$n=\frac{\sum L_{岩}}{\sum L_{煤}}\times\frac{1.2}{\gamma}$$

式中　n——生产剥采比，m^3/t；

$\sum L_{岩}$——岩石厚度的总和，m；

$\sum L_{煤}$——煤层厚度的总和，包括不可采煤层的厚度，m；

γ——煤的容重，t/m^3。

露天煤矿总是上大下小，而煤层位于露天矿的下部，所以岩段与煤段之比，不能准确反映矿山剥采比，还必须比该值大一些，一般来说，矿山面积越大，该值越小。这里我们取用 1.2，是大多数矿山的平均值。

2. 剥离费用

剥离费用计算很简单：

$$b=C_{爆}+b_{成}$$

式中 b——剥离费用，元/m³；

$C_{爆}$——爆破费用，元/m³，它与岩石的硬度关系密切，在鄂尔多斯地区穿孔爆破是由专业的爆破公司完成的，只要设计者走访爆破公司，该数值就能准确得到；

$b_{成}$——剥离物的生产成本，包括采装、运输、排卸等作业成本，元/m³，它受运距影响大。

在内蒙古鄂尔多斯地区爆破岩石，$C_{爆}$约为 2.5～3.5 元/m³，$b_{成}$约为 4.5～5.5 元/m³，b值约为 7～9 元/m³。

3. 矿山采煤车间成本

$$c=a+n\cdot b+G$$

式中 c——采煤综合车间成本；

G——除采煤剥离外的生产成本，这里主要是覆土造田和排水疏干的成本；

其他符号含义同前。

二、留梁采煤设计成本的估算

在设计之前，我们无法准确知道留梁采煤的生产成本，但是我们可以大致估计留梁采煤的成本。留梁采煤的生产成本大体由三部分组成：十字沟表土剥离成本、十字沟岩石剥离成本、矿山采煤成本。

1. 十字沟沟道要素

在进行留梁采煤之前，先要进行十字形沟道掘进，给露天采煤机创造工作面。

(1) 沟道底宽。十字沟的沟道底宽是按照露天采煤机的工作参数确定的，这里按底宽为 35 m 计算。

(2) 沟道帮坡角。主要按预加固后计算，一般情况下该值要大于稳定帮坡角。稳定帮坡角是矿山最危险地段的数值，不是设计处帮坡的数值，再加上预加固，该值应该比稳定帮坡角大，在鄂尔多斯市地区，该值要大于 42°。

(3) 沟道长度。按设计掘沟地方计算，它约为长加宽。

(4) 沟深。按最深处煤层底板标高计算。

2. 沟道工程量的计算

按土石方计算公式简化计算，沟道量为：

$$V=\frac{S_{上}+S_{下}}{2}\cdot L$$

式中 V——沟道总工程量，m³；

$S_{上}$——沟道上部的面积，m²；

$S_{下}$——沟道下部的面积，m²；

L——沟道的长度，m。

3. 掘沟量表土的计算

尽管不同岩石爆破费用相差很大，但是同一矿山，岩石的硬度差距不是很大的，该值远小于爆破岩石与表土的差距，这里仅区分爆破与不爆破的土岩。

坑道的上部宽度按下式计算：

$$B_{上}=2H \cdot \cot\alpha+B_{min}$$

式中 $B_{上}$——沟道的上部宽度，m；

H——沟道的平均深度，m；

α——沟道的帮坡角度，(°)；

B_{min}——沟道的最小底宽，m，这里取 $B_{min}=35$ m。

爆破与不爆破土岩的分界面最少是第四纪与新近纪的分界面，也可是古近纪与白垩纪的分界面。

$$S_{上}=B_{上} \cdot L_{上}=(2H \cdot \cos\alpha+B_{min}) \cdot L_{上}$$

式中 $L_{上}$——沟道的上部长度，m；

其他符号含义同前。

表土的体积：

$$V_{表}=\frac{S_{上}+S_{下}}{2} \cdot \Delta H$$
$$=\frac{1}{2}\Delta H[(2H \cdot \cot\alpha+B_{min}) \cdot L_{上}+L_{下} \cdot 2(H-\Delta H) \cdot \cot\alpha+B_{min}]$$

式中 $V_{表}$——表土层的体积，m^3；

ΔH——表土层的平均厚度，m；

$L_{下}$——表土层下端沟道长度，m，$L_{下}=L_{上}-2\Delta H\cot\alpha$；

其他符号含义同前。

4. 沟道量岩石体积

$$V_{岩}=V_{总}-V_{表}=\frac{1}{2}H[(2H \cdot \cot\alpha+B_{min}) \cdot L_{上}+L_{下} \cdot B_{min}]-V_{表}$$

式中 $V_{岩}$——沟道岩石的体积，m^3；

$V_{总}$——沟道总体积，m^3；

其他符号含义同前。

5. 采出煤炭的量

十字沟采出煤炭的量按下式计算，这里将单斗＋汽车采出的量也按露天采煤机计算，当然，单斗＋汽车的回采率要高于露天采煤机的回采率：

$$p=L_{煤} \cdot B_{煤} \cdot \sum H \cdot \gamma \cdot \eta$$

式中 p——采出的煤量，t；

$L_{煤}$——煤层的平均长度，m；

$B_{煤}$——煤层的平均宽度，m；

$\sum H$——煤层厚度之和，m；

γ——煤的视密度，t/m^3；

η——露天采煤机的回采率。

6. 采煤的平均车间成本

(1) 掘沟工程表土的费用：

$$C_{表}=V_{表}\cdot d_{表}$$

式中 $C_{表}$——掘沟工程表土的费用，元；

$d_{表}$——表土的单位费用，元/m^3，受运距影响较大（在鄂尔多斯地区运距 2 km 以内约为 5.2 元/m^3）；

$V_{表}$——掘沟工程表土的工程量，m^3。

（2）掘沟工程岩石的费用：

$$C_{岩}=V_{岩}\cdot d_{岩}$$

式中 $C_{岩}$——掘沟工程岩石的费用，元；

$d_{岩}$——岩石的单位费用，元/m^3（在鄂尔多斯地区运距在 2 km 以内约为 8.5 元/m^3）；

$V_{岩}$——掘沟工程岩石的工程量，m^3。

（3）采煤的费用：

$$C_{煤}=p\cdot d_{煤}$$

式中 $C_{煤}$——采煤的费用，元；

p——采煤量，t；

$d_{煤}$——露天采煤机采煤作业的单位费用，元/t（在鄂尔多斯地区洞深小于 200 m 时约为 22 元/t）。

（4）总费用：

$$C_{总}=C_{表}+C_{岩}+C_{煤}$$

式中 $C_{总}$——露天采煤机工作的总费用，元；

其他符号含义同前。

（5）采煤平均车间成本：

$$E=\frac{C_{总}}{p}$$

式中 E——采煤平均车间成本，元/t；

其他符号含义同前。

第二节 露天采煤机生产工艺

这里所说的露天采煤机工艺，是指整个露天矿全部使用或部分使用露天采煤机生产，而不是只对露天矿边帮生产。

一、采煤机沟道的掘进

为使采煤机能够正常工作，必须将煤层暴露出来，采煤机向煤层内工作，这就需要在露天采煤机工作之前，先将煤层暴露出来。在已经开采的露天矿煤层已经暴露出来，只要将工作帮变为非工作帮即可，工作帮变非工作帮很容易，就是将工作帮帮坡角10°左右变为最终帮坡角。这只需最上台阶不动，下部台阶向前推进，工作台阶从上到下，一个一个到达指定位置即可。在这个过程中，由于实际的生产剥采比远小于设计的或预定的生产剥采比，露天矿会多产生很大的盈利，这个数值一般购买露天采煤机富富有余。

对于尚未开采的露天矿，如果采深受到限制，露天矿必须开掘一系列沟道，每条沟道都使煤层暴露出来，露天采煤机在采完第一个沟道之后，再采第二个沟道，这时第一个沟道就可以回填，这就是窄采区留梁露天开采工艺，可参考专利号 2017107389512。

摘　　要

本发明涉及一种窄采区留梁露天开采工艺，它主要包括以下步骤：a. 矿区的划分，将露天矿权境界划分为多个长条状采区；在每个采区划分出一个采坑的位置，并使得相邻两个采坑之间和采坑与矿权境界之间预留土梁。b. 使用采掘设备对第一批采区进行开采，按照预设的采坑的位置进行开采，以螺旋线形坑道的方式向下开采采坑，并将采挖出来的剥离层放入排土场。c. 使用边帮采煤机对第一批开采出来的采坑周围的土梁下的煤炭进行开采。d. 对第二批采区进行开采，按照预设的采坑的位置进行开采，以螺旋线形坑道的方式向下开采采坑，开采过程中将第二批采区采出来的剥离物排往第一批采区所开采的采坑中。并使用边帮采煤机对土梁下的煤炭进行开采。该种开采方法对所有露天矿都适用，其对露天开采将产生革命性的变化。该开采工艺在提高露天煤矿开采的适应性的同时，还大幅降低露天开采的成本。

权利要求

1. 一种窄采区留梁露天开采工艺，包括以下步骤：

a. 矿区的划分，将露天矿权境界划分为多个长条状采区；在每个采区划分出一个采坑的位置，并使得相邻两个采坑之间和采坑与矿权境界之间预留土梁，同时在最先开采的一批采区内预留排土场。

b. 使用采掘设备对第一批采区进行开采，按照预设的采坑的位置进行开采，以螺旋线形坑道的方式向下开采采坑。

c. 使用边帮采煤机对土梁下的煤炭进行开采。

d. 对第二批采区进行开采，按照预设的采坑的位置进行开采，以螺旋线形坑道的方式向下开采采坑，开采过程中将第二批采区采出来的剥离物排往第一批采区所开采的采坑中，并使用边帮采煤机对土梁下的煤炭进行开采。

e. 继续对下一批采区进行开采，在此过程中，都将采出来的剥离物排往前一批采坑中。

2. 根据权利要求 1 所述的一种窄采区留梁露天开采工艺，其特征在于：所述每个采区的长为 465～920 m，宽为 335～435 m。

3. 根据权利要求 2 所述的一种窄采区留梁露天开采工艺，其特征在于：所述采坑底部长为 155～620 m，宽为 35～50 m。

一种窄采区留梁露天开采工艺

技术领域

[0001] 本发明涉及一种露天开采工艺，尤其是一种窄采区留梁露天开采工艺。

背景技术

[0002] 露天开采,又称为露天采矿,是一个移走矿体上的覆盖物,得到所需矿物的过程,即从敞露地表的采矿场采出有用矿物的过程。露天开采作业主要包括穿孔、爆破、采装、运输和排土等流程。按作业的连续性,可分为间断式、连续式和半连续式。露天与地下开采相比,优点是资源利用充分、回采率高、贫化率低,适于用大型机械施工,建矿快,产量大,劳动生产率高,成本低,劳动条件好,生产安全。

[0003] 传统的露天开采工艺只适合于剥采比较小或煤层顶板太软无法进行井工开采,或者矿区曾经被小窑无序开采过,有些小窑没有留下任何资料,井工开采可能遇到这些小窑的采空区及水、瓦斯、冒顶等现象,对矿区的开发产生极大危害的矿井。另外,现有露天开采工艺存在开采成本高、开采征地的问题。

发明内容

[0004] 本发明提供一种窄采区留梁露天开采工艺,以解决现有露天开采存在的适用范围有限的问题,同时降低露天开采的成本。

[0005] 一种窄采区留梁露天开采工艺是露天矿开采革命性的一种变化,它主要包括以下步骤:

a. 矿区的划分,将露天矿权境界划分为多个长条状采区;在每个采区划分出一个采坑的位置,并使得相邻两个采坑之间和采坑与矿权境界之间预留土梁;同时在首先进行开采的采区内设置排土场。

b. 使用采掘设备对第一批采区进行开采,按照预设的采坑的位置进行开采,以螺旋线形坑道的方式向下开采采坑,并将采挖出来的剥离层放入排土场。其中采坑的底宽不是像其他露天矿一样由采运设备或采煤量决定的,而是由边帮采煤机洞外所需平盘宽度决定。

c. 使用边帮采煤机对第一批开采出来的采坑周围的土梁下的煤炭进行开采。

d. 对第二批采区进行开采,按照预设的采坑的位置进行开采,以螺旋线形坑道的方式向下开采采坑,开采过程中将第二批采区采出来的剥离物排往第一批采区所开采的采坑中,并使用边帮采煤机对土梁下的煤炭进行开采。

e. 继续对下一批采区进行开采,在此过程中,都将采出来的剥离物排往前一批采坑中。

[0006] 作为一种优选方案,划分采区时,将采区的长度设为 465～920 m,宽度设为 335～435 m。

[0007] 作为一种优选方案,所开采的采坑底部长度在155～620 m 之间,宽度在 35～50 m 之间。

[0008] 采用本发明所述的窄采区留梁开采工艺进行露天开采的有益效果在于:

1. 极大地降低生产成本。普通露天开采,当平均剥采比达到 15 m^3/t 后,露天开采就没有利润,所以《煤炭工业露天矿设计规范》(GB 50197—2015)规定经济剥采比褐煤不大于 6 m^3/t、非焦煤不大于 10 m^3/t、焦煤不大于 15 m^3/t。采用窄采区留梁露天开采工艺后,非焦煤在 100 m 之内,边帮回采机的洞长在 200 m 时,平均剥采比为 30 m^3/t 时仍有利可图,也就是相当于经济合理剥采比大于 30 m^3/t。

2. 对于排土场紧张或不具备内排条件的露天矿，窄采区留梁露天开采工艺可以大幅降低露天矿对排土场的依赖，排土量大幅减少，只有第一个采坑的剥离物需要外排，其他采坑剥离物均排入前一个采坑内，第一个采坑的尺寸要比正常开采也小得多，所以对于选择排土场困难的露天矿更适合。

3. 露天矿排土运距短，运输成本低，将下一个采坑的土岩排到上一个采坑中，其运距要比正常生产短得多，排土台阶高度不受限制，也使排土运距缩短，使总的运费降低。

4. 对于露天矿靠近重要构筑物，如水坝、高速公路等时，边帮采煤采出的煤量将大幅上升。露天矿开采境界在面临重要构筑物时都要留有足够的空间，这部分空间往往和采深相等，其下压覆的煤炭就成了呆滞煤量。窄采区留梁露天开采工艺可以使一部分呆滞煤量变为可采煤量，从而增加了矿山总采出煤量，降低了采煤成本。

附图说明

[0009]图 1 是露天煤矿采区划分平面示意图。

[0010]图 2 是窄采区留梁露天开采工艺示意图。

[0011] 图 3 是窄采区采坑示意图。

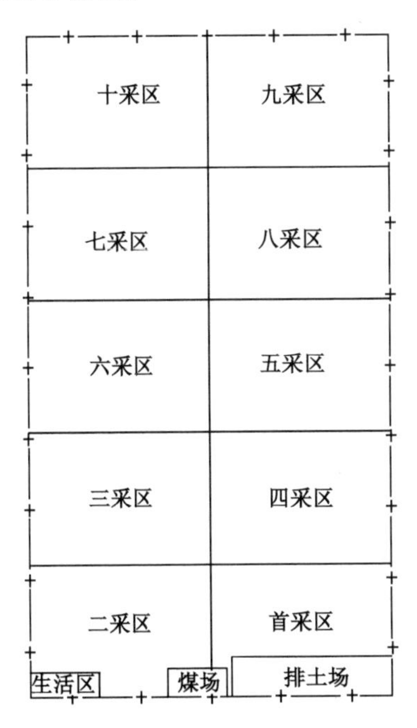

图 1 采区划分示意图

具体实施方式

[0012] 一种窄采区留梁露天开采工艺，包括以下步骤：

[0013] 矿区的划分，将露天矿权境界划分为多个长条状采区，一般要分成十几个采区，像本发明示例的露天矿，矿田面积只有 2.65 km^2 的露天矿，正常露天开采只能划成一个采区，而采用窄采区留梁露天开采工艺后，要划分成 10 个采区。考虑到运输设备的限制，将每个采区的长度设置在 465～920 m 之间，宽度设置在 335～435 m 之间。然后在

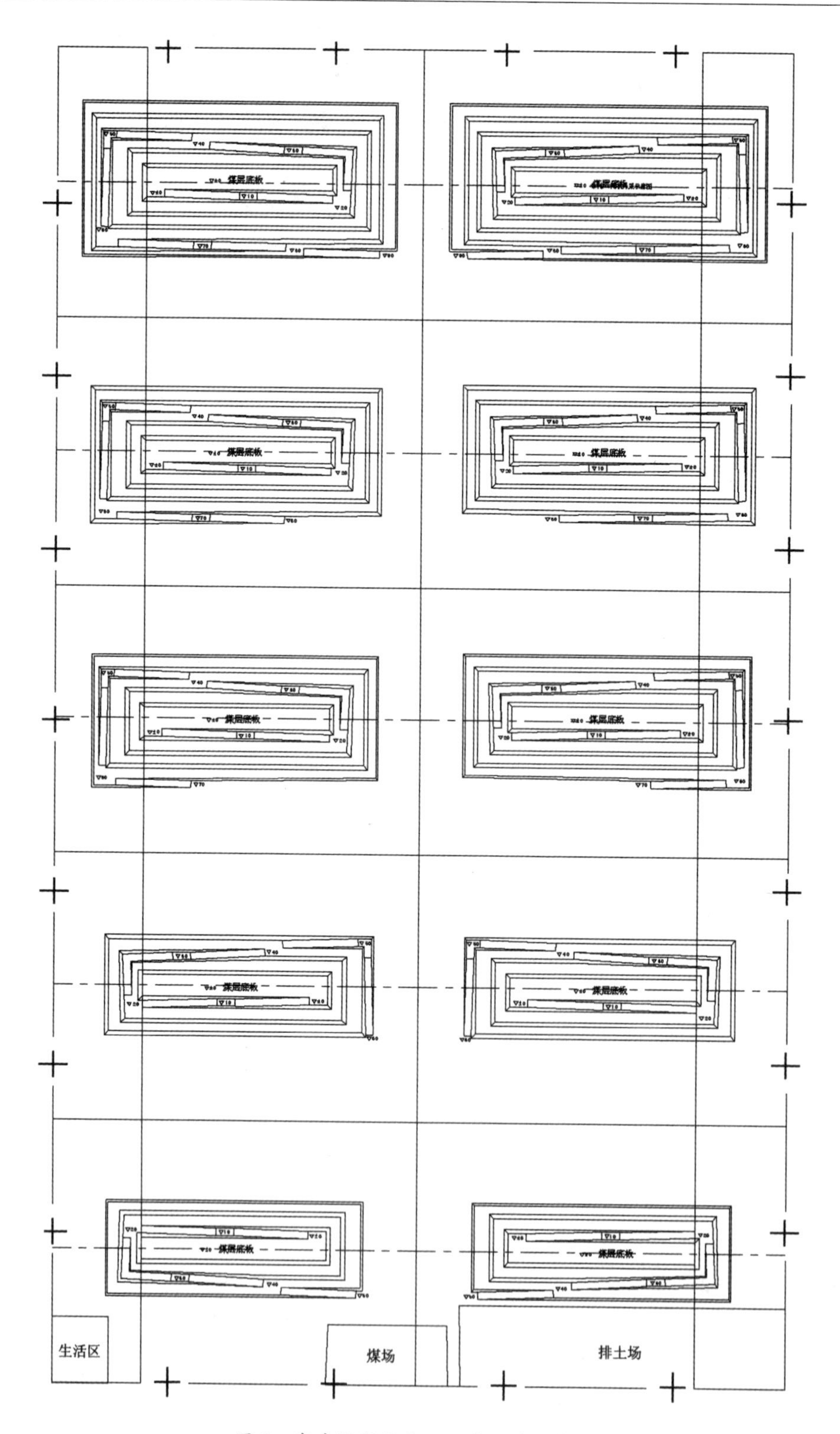

图2　窄采区留梁露天开采工艺示意图

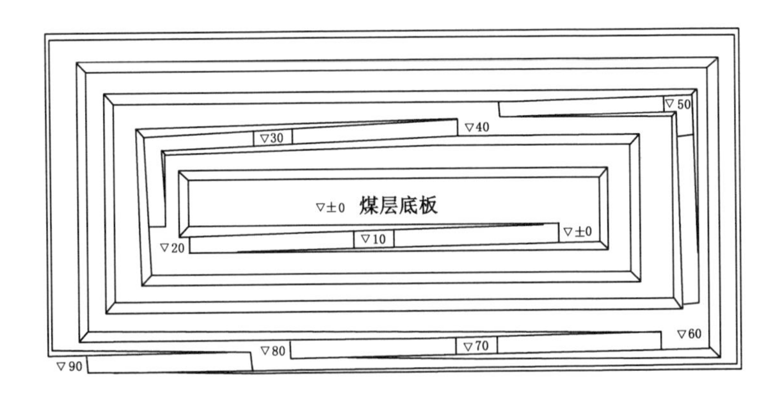

图 3　窄采区采坑示意图

每个采区内划分采坑的范围，采坑的范围小于采区的范围，使得采坑与采坑之间，以及采坑与矿权边境之间留有土梁。如图 1 所示，所有采区并列分布，并在首先进行开采的采区内设置排土场。首先开采的采区可以是如图 1 所示的一采区，也可以是并行的一采区和二采区。

[0014] 对矿区进行划分后开始进行第一批采区的开采，按照预设的采坑的位置使用采掘设备对第一批采区进行开采，并以螺旋线形坑道的方式向下开采采坑，开采过程中，将剥离物运送到排土场内。对于第一批采区周围的土梁下的煤炭，采用边帮采煤机进行开采。就此完成对第一批采区的开采。现有开采技术中，采坑底的宽度是由采运设备或采煤量决定的，而在该方法中，采坑底宽由边帮采煤机洞外所需平盘宽度决定。

[0015] 接下来进行第二批采区的开采，与第一批采区的开采方式相同。由于只在第一批采区内设置排土场，开采第二批采区的过程中，将剥离物排入第一批采区的采坑中。同时，使用边帮采煤机对于第二批采坑周围的土梁下的煤炭进行开采。

[0016] 接下来重复第二批采区的开采过程对下一批采区进行开采，并将正在开采的采坑中的剥离物放入前批采区的采坑中。

[0017] 一种窄采区留梁开采工艺是将露天矿划分成很多采区，每个采区都是窄形的(长度很大，宽度很小)，采区过渡都采用重新拉沟，采区与采区之间留有土梁，梁下的煤炭用边帮采煤机采出。在每个采区要独立开一个采坑，采坑采用螺旋坑线开拓，其核心是用边帮采煤机采出土梁下压覆的煤炭，这种方法是露地联合开采的成果。该种开采方法对所有露天矿都适用，但更适合于剥采比偏大、排土困难、靠近地面重要建构筑物及煤质较差的露天矿，其对露天开采将产生革命性的变化。该开采工艺在提高露天煤矿开采的适应性的同时，还能降低露天开采的成本。

[0018] 下面举例说明使用该窄采区留梁露天开采工艺的有益效果：

[0019] 某矿采煤成本 $a=70$ 元/t，包括除剥离成本以外的所有费用，剥离成本为 8.4 元/m^3，煤炭售价为 220 元/t，最终帮坡角为 40°，平均采深为 100 m，煤层厚度为 3 m，煤的容重为 1.3 t/m^3。该矿小煤窑无序开采多年，实现边帮采煤后，采煤机水平采长 150 m，平均车间成本 20 元/t，回采率 70%。

按正规生产：

$$n_j = \frac{d_1 - a}{b}$$

式中 d_1——煤的平均售价，220 元/t；

a——采煤成本，70 元/t；

b——剥离成本，8.5 元/m^3。

经计算，$n_j = 17.85\ m^3/t$。

该矿的平均剥采比约为 $n = 29.8\ m^3/t$，成本为 317.7 元/t。该矿为亏损。

改为窄采区留梁露天开采工艺后，采坑底部宽 35 m，长 310 m，底部面积 1.09 hm^2；顶部长 550 m(310＋100×1.2×2)，宽 275 m(35＋100×1.2×2)，面积等于15.13 hm^2。

经计算：

掘坑工程量为：

$$(S_{上} + S_{下}) \times h \div 2 = 811\ (万\ m^3)(平均采深\ h = 100\ m)$$

采煤工程量为：

长 310 ＋ 300 ＝610 m，宽 35 ＋ 300 ＝335 m

610 × 335 × 3 × 1.3 × 0.70 ＝55.8(万 t)

费用＝剥离费用＋采煤费用

＝811 × 8.5 ＋ 55.8 × 20(20 为边帮采煤每吨的成本)

＝6 893.5 ＋1 116

＝8 009.5(万元)

每吨的车间成本为：

8 009.5/55.8＝143.5(元/t)

露天矿每吨盈余：

150－143.5＝6.5(元)

相当于经济合理剥采比为 31.1 m^3/t。

现在露天采煤机的采深已经不受限制，需要采深增加时，只需在机身中加入一套带自动行走装置的胶带链，但运煤成本需要增加，没有必要掘那么多沟道，只需要在露天采场内掘一条十字沟即可。十字沟的位置尽量选在覆盖层薄的冲沟内，这样可以大幅度减少掘沟工程量。当露天矿没有明显的冲沟可以利用时，十字沟应掘在露天矿场的中间，以减少煤炭洞内运输距离。十字沟的长应与露天矿场相适应或略长一点，宽度应与露天矿场的宽度相适应，深度要采哪层煤就到达相应的位置，如果是薄煤层＋顶板就到达煤层的底板，如果一个煤层正好一次采完也达到煤层的底板，如果是厚煤层，采深最先达到的位置是煤层顶板＋一个设计采深的位置，上部煤层采完之后沟道向下延伸，直到露天采煤机开采范围内所有煤层采完为止。

二、采煤方法

留梁采煤法同边帮采煤法一样，露天采煤机的工作方式没有什么本质区别，它也可分为防护棚的搭建、采煤机向煤层里掘进、胶带机的接入、胶带机的卸出、旧防护棚的拆除和新防护棚的搭建等步骤，所不同的是在网式作业时，留梁采煤法不需要一个煤洞开口处出两条相互垂直的煤洞，而是只出一条煤洞即可，第二条煤洞的煤沟与第一条煤洞的煤沟相互垂直，两条煤洞自然也要垂直，如果两条煤洞不是相互垂直，再打第二条煤洞（我们所说的旧煤洞）时，露天采煤机的效率将降低，两条煤洞的夹角越接近 90°，效率降低得越少。网式开采打两条煤洞的时间也不相同，在边帮采煤时打完新煤洞接着就打旧煤洞；而在留梁开采时，由于煤洞深度较大，相互影响较多，打完一个新煤洞，并不能立即打旧煤洞，而是等一片新煤洞打完，再将露天采煤机移动到与之垂直的沟道中打旧煤洞，等旧煤洞打完以后，再返回打新煤洞。打一片新煤洞需要较长时间，这就要求煤洞要有较强的抗压能力，以保证在打旧煤洞时新煤洞完好无损。任何时候新、旧煤洞都是不能同时进行的，在同一片区域新、旧煤洞是不能同时工作的，这样会产生相互干扰的情况。

三、露天采煤机工作时须特别注意的几个问题

1. 采煤机的工作方向问题

如果采煤机的掘进方向发生错误，它与前一煤洞的间距就会发生变化：如果向外移动，所留的煤柱就会加大，严重降低煤层的回采率；如果向内移动，所留的煤柱将小于规定值，发现晚时，可以穿过煤墙，严重降低煤柱的支护能力，甚至造成部分岩石垮塌。

无论煤洞的走向是向内还是向外移动，只要是偏离正确走向，都会给矿山造成重大损失，因此给采煤机定向就是操作人员的重大技术问题。给采煤机定向有以下两种方法：

（1）激光定位方式。

激光机设在防护棚上，激光定位装置设在煤洞入口处，激光器发出的激光通过定位装置射到前面的煤壁上，一般激光器和定位装置设在煤洞中央，离左右煤壁都是 1.35 m（煤洞宽是 2.7 m），预先调好采煤洞的角度，只要采煤机以煤壁上的激光点为中心，采煤机的走向就和设定的走向一致。

这样设置的激光机指引采煤机工作，能使采煤机不发生左右偏移，但如果煤层底板的倾角不一致，煤层发生上下波动时，设在洞口的激光导航仪无法将激光射到发生变化的煤壁上，激光导航也就无法使用。

（2）超声波导航仪。

超声波导航仪的基本原理如下：当超声波穿过相邻煤墙进入前一煤洞的采空区时，在煤墙与煤洞的界面上发生反射（煤墙与煤洞的介质不同，煤墙的介质是煤层，煤洞的介质是空气），可以清楚地测量出煤墙的厚度，根据煤墙厚度的变化，及时调整露天采煤机的工作方向，使两条煤洞相互平行，煤墙的厚度保持在 1.8 m。

这种方法也存在着问题，它必须先有一个煤洞做样板，在开凿第一个煤洞时，没有样板煤洞，这种方法就失灵了，好在露天开采过程中煤洞很多，第一个煤洞即使失灵，开凿后面的煤洞时，可以对第一个煤洞进行修正，逐步使煤洞的方向符合设计的方向。

2. 采煤机掏槽位置

采煤机正常工作时，每次向前掘进都必须先掏槽，掏槽的位置决定着掘进机工作的速度，总之，掏槽的位置应是煤层中硬度最小的位置，它有三个选择：

（1）在煤洞顶部掏槽向下开采。

煤洞的顶部往往是煤层组成的，煤层比夹矸层硬度要软，从上向下开采，动臂的重量做的是正功，向下开采时向下的力主要来自油缸向下的压力＋动臂的重量，开采方便，效率高。连采机机头的露天采煤机多采用这种方法作业。

（2）在底部掏槽向上开采。

掏槽作业在煤洞的底部进行，采煤从下向上开采，这种方式采煤机滚筒向上的作用力为油缸向上的动力＋动臂的重量，这种作业方式符合煤炭破碎落下的规律，易于开采，但因向上的作用力较小，我们不推荐使用，在个别情况下使用也是可以的。

（3）在中部掏槽向四周开采。

在中部掏槽采煤向上、向下两个方向发展，这种方式多用在掘进机机头的露天采煤机中，多是因为采煤机的开采方向不甚明了，先采中央准没错，上下左右根据开采需要变化。

3. 矸石与煤要分别开采

露天采煤机工作时尽量使开采的岩石和煤分别采出，采煤时尽量将各处的岩石留下，采岩石时就不要采煤，煤与矸石的混合程度会降低，这样主要是为洞外选煤提供方便，当胶带机出现较长的岩石段时，选煤工人可用断流器将岩石段接出胶带系统。

第三节　留梁采煤法经济分析

留梁采煤法会给露天采煤带来革命性的变化，该方法其实介于露天开采和井工开采之间，是在露天采煤机出现之后才可能使用的。它的经济效益非常明显，一般车间生产成本只有露天开采的三分之二，比井工开采低的更多。可以预言在留梁采煤法广泛推广之后，深度在 200 m 以内的露天煤矿或露天采煤机能够进行开采的其他矿石，将全部改为留梁采煤法。

留梁采煤法的主要费用包括四大方面：

（1）掘十字沟时掘表土的费用（一般表土占总工程量的 20％左右）。

（2）掘十字沟时掘岩石的费用。

（3）用露天采煤机采煤时的费用。

（4）其他费用（这里主要是排水费用和覆土、造田费用），在鄂尔多斯地区其他费用为 2～4 元/t。

上述费用的计算方法上节已经详细介绍，这里不赘述了。

第四节　留梁采煤法设计实例

如以鄂尔多斯某露天煤矿为例，它的已知条件如下。

一、原始图纸

1. 地质部分

该矿可采煤层为三层，分别是 4-2 中、5-1 上、6-1 上，各煤层特征见表 4-1，煤质特征见表 4-2。4-2 中煤层底板等高线见图 4-1，5-1 上煤层底板等高线见图 4-2，6-1 上煤层底板等高线见图 4-3，地质地形见图 4-4。

表 4-1　　某煤矿各煤层特征一览表

煤层编号	煤层自然厚度/m	资源储量采用厚度/m	层间距/m	埋藏深度/m	煤层结构（夹矸层数）	稳定程度	可采程度
	最小～最大 平均(点数)	最小～最大 平均(点数)	最小～最大 平均(点数)	最小～最大 平均(点数)	最小～最大 平均(点数)		
4-1	0.45～0.86 0.72(3)	0.45～0.86 0.72(3)	40.52	35.45～76.05 60.45(3)	0(3)	不稳定	不可采
4-2 中	2.86～4.30 3.47(9)	2.86～4.30 3.47(9)	18.56～21.25 19.64(3)	18.80～97.75 64.98(8)	0(9)	稳定～较稳定	全部可采
5-1 上	1.15～1.90 1.55(9)	1.30～1.90 1.50(9)	6.81～22.95 15.48(9)	35.70～119.55 84.28(8)	0～1 0(9)	较稳定	全部可采
5-1 中	0.15～1.17 0.82(9)	0.15～1.17 0.78(9)	1.61～9.56 4.07(9)	40.41～124.55 89.91(8)	0～1 0(8)	不稳定	大部可采
5-1	0.40～1.27 0.78(8)	0.40～1.27 0.78(8)	2.05～18.54 10.22(7)	49.20～128.00 99.94(8)	0～1 0(8)	不稳定	局部可采
6-1 上	0.90～5.09 2.00(8)	0.90～5.09 1.90(8)	6.75～18.37 12.25(7)	58.85～141.77 108.93(8)	0～2 0.25(8)	较稳定	全部可采

表 4-2　　各煤层煤质特征表

煤层号	洗选情况	工业分析/%		
		M_{ad}	A_d	V_{daf}
4-2 中	原	5.17～14.24 9.75(9)	12.35～40.35 19.62(9)	32.08～43.02 38.57(9)
	浮	5.07～14.28 10.85(9)	5.92～9.77 8.12(9)	33.40～38.75 36.69(9)
5-1 上	原	6.41～13.73 11.60(8)	8.55～26.90 12.72(8)	31.60～42.04 35.99(8)
	浮	10.19～16.74 12.92(8)	6.12～10.62 8.07(8)	32.75～37.97 34.98(8)
5-1 中	原	9.46～12.95 11.31(3)	9.75～25.58 16.63(3)	30.90～35.36 33.43(3)
	浮	9.07～13.27 11.44(3)	5.40～8.39 6.65(3)	32.82～35.20 34.29(3)
5-1	原	9.03～12.70 10.53(3)	8.51～26.05 15.38(3)	31.32～38.07 35.08(3)
	浮	11.34～13.62 12.52(3)	6.32～6.69 6.51(2)	27.94～37.98 34.45(3)
6-1 上	原	6.22～13.94 10.22(6)	9.30～18.61 13.90(6)	32.29～35.59 33.95(6)
	浮	5.09～15.45 10.56(6)	7.09～9.63 8.28(6)	26.87～39.91 34.55(6)

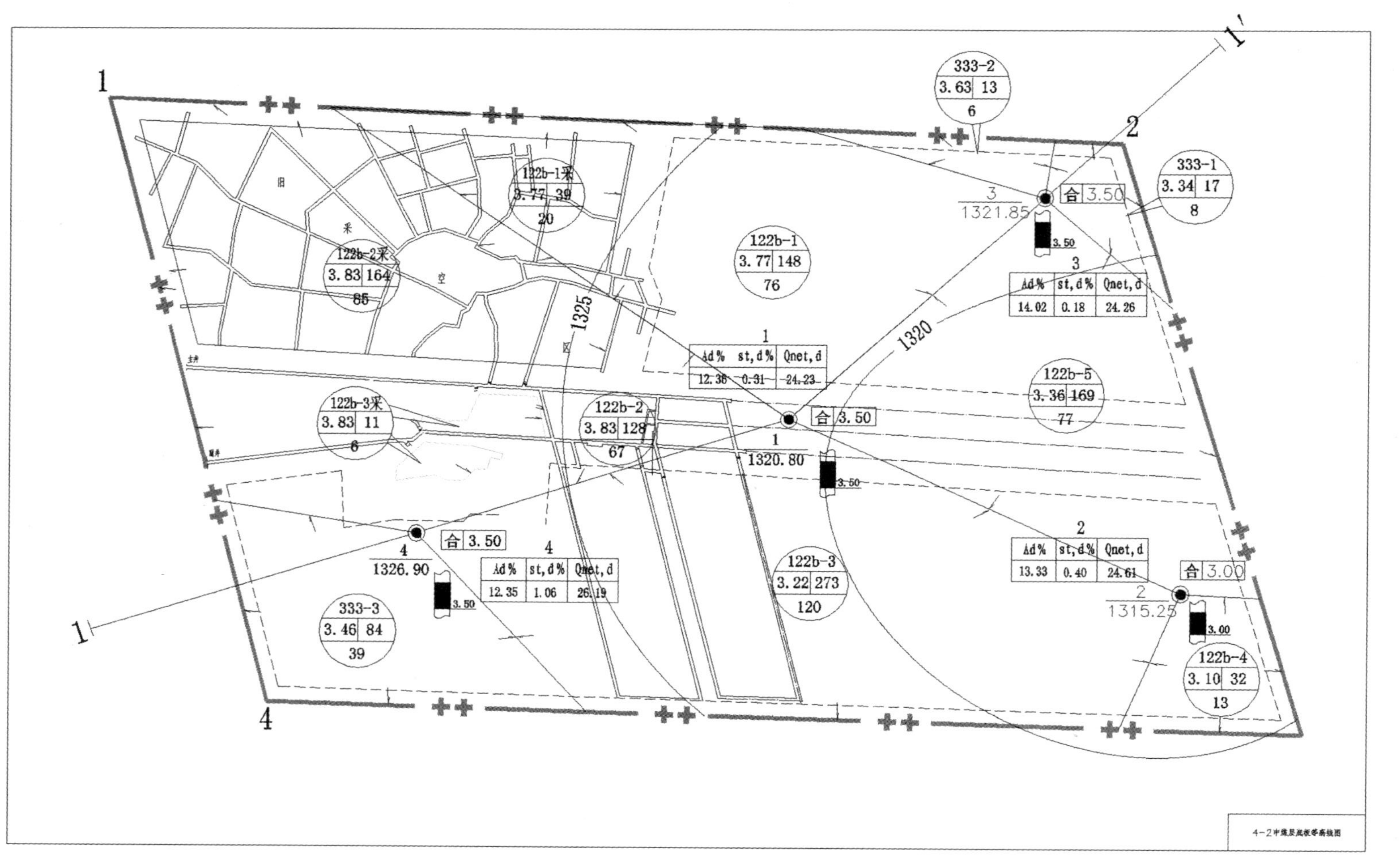

图 4-1　4-2 中煤层底板等高线图

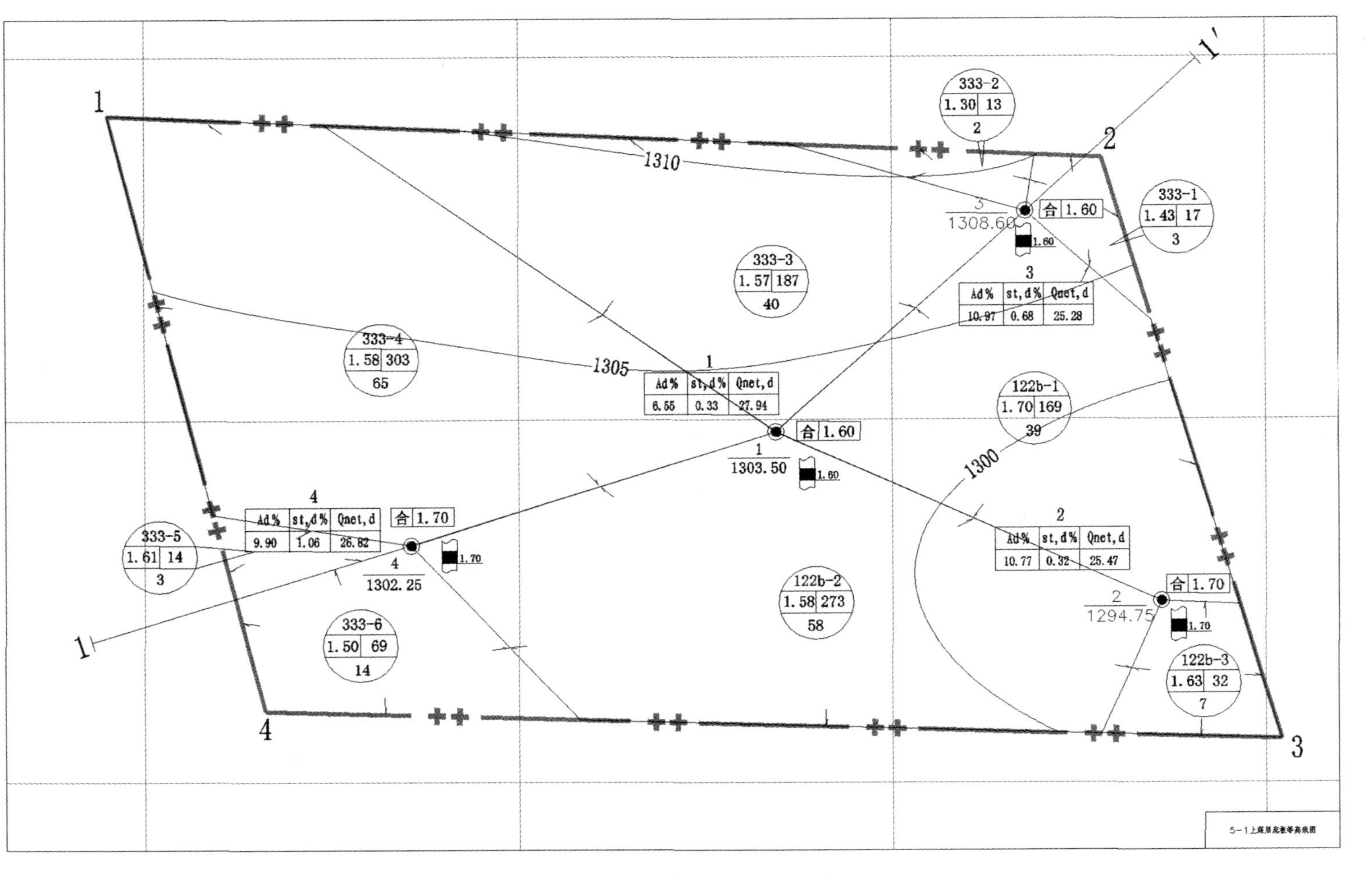

图 4-2　5-1 上煤层底板等高线图

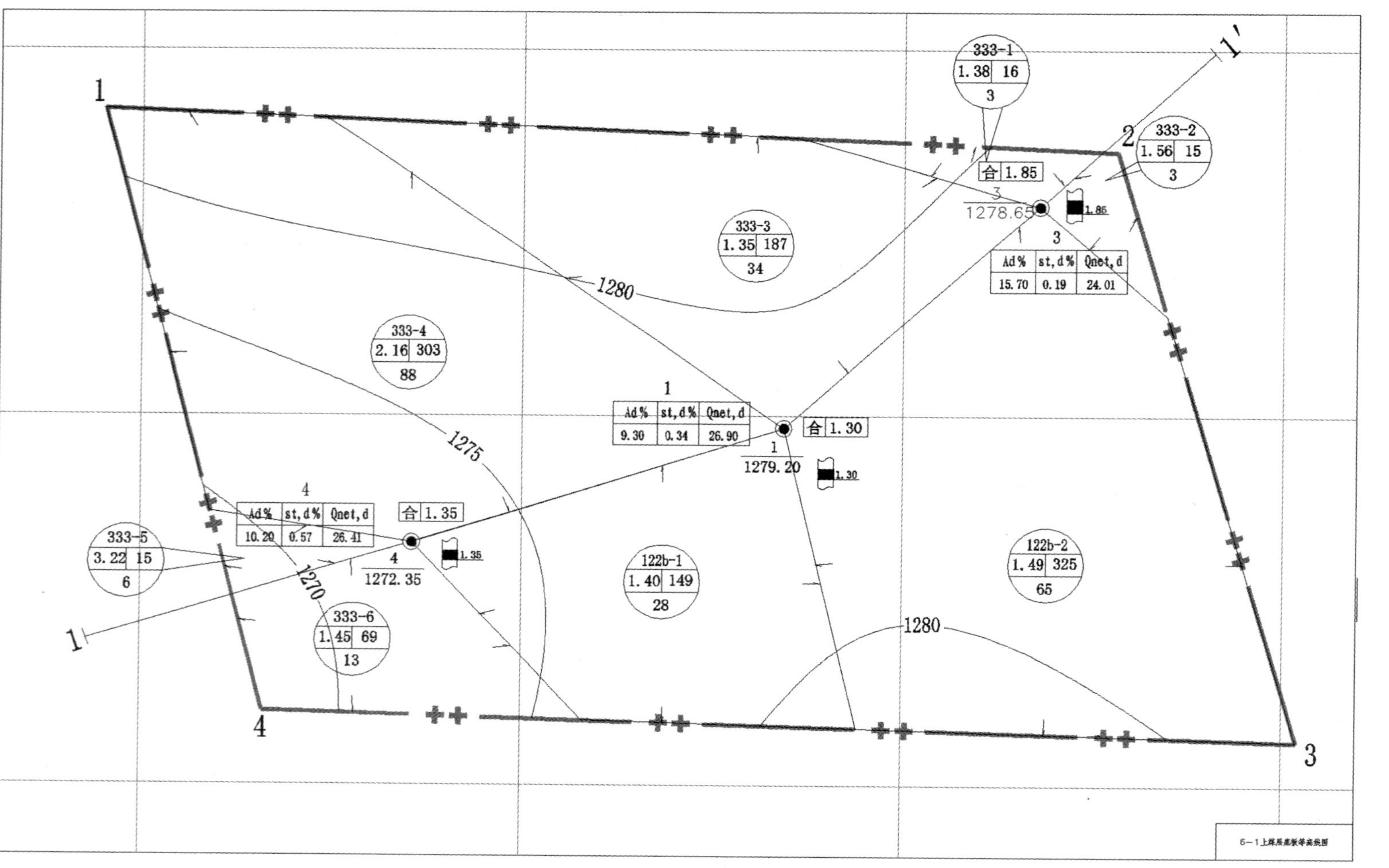

图 4-3 6-1上煤层底板等高线图

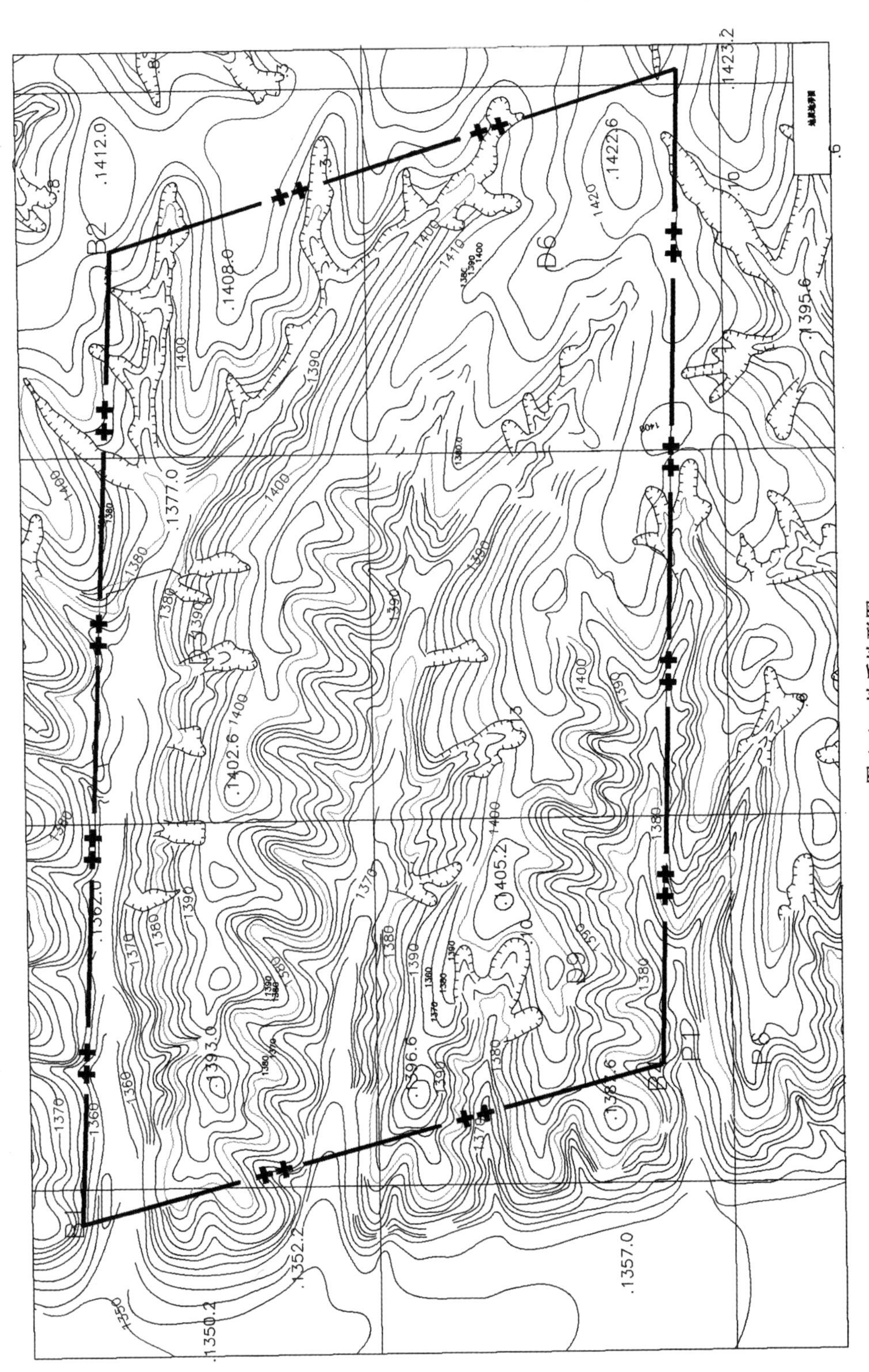
.1412.0
B2
.1408.0
D6
.1422.6
.1423.2
.1395.6
.1377.0
.1402.6
.1405.2
.1393.0
.1396.6
.1381.6
.1362.0
.1352.2
.1350.2
.1357.0
B1

图 4-4　地质地形图

2. 初步设计利用图纸

本矿最后一版初步设计修改是由内蒙古煤炭科学研究院有限责任公司所做，这里利用该设计几份图纸：露天矿开采境界及采区划分见图 4-5，相邻矿山关系见图 4-6，采掘场 10 kV 箱式移动变电站系统见图 4-7。

二、露天矿经济预测

在没有进行设计之前，要对煤矿进行初步分析，主要有以下几方面。

1. 对平均剥采比的估算

$$n=\frac{\sum L_{岩}}{\sum L_{煤}}\times\frac{1.2}{\gamma}$$

$$=\frac{40.52+19.64+15.48+4.07+10.22+12.25}{0.72+3.47+1.5+0.78+0.78+1.90}\times\frac{1.2}{1.3}$$

$$=10.3$$

式中 n——生产剥采比，m^3/t；

$\sum L_{岩}$——岩石厚度的总和，m；

$\sum L_{煤}$——煤层厚度的总和，包括不可采煤层的厚度，m；

γ——煤的容重，t/m^3。

2. 剥离费用和采煤费用的估算

$$b=C_{爆}+b_{成}=8.5\ (元/m^3)$$

$$a=6(元/t)$$

3. 矿山采煤综合生产成本

$$c=a+n\cdot b+G=6+10.3\times8.5+3=96.55(元)$$

式中 G——除采煤、剥离外的生产成本，这里主要是覆土造田和排水疏干的成本。

三、开采工艺

1. 矿山基本概况

矿山的西北角已经经过地采开采，旧巷道密布，不能用边帮采煤机开采，只有用液压挖掘机＋单斗汽车方法回收残煤。该矿长约 1.4 km，宽约 0.6 km，平均采深约 110 m，表土层平均厚度约 20 m，据初步设计介绍，该矿的平均剥采比为 14 m^3/t，露天采煤机采煤费用不同运距时变化较大，详见表 4-3。

表 4-3　　采煤机采煤单价表

运距/m	200 以内	200～500	500～800	800～1 100	1 100～1 400	1 400～1 700	1 700～2 100
单价/元	22.00	26.00	30.00	34.00	38.00	42.00	46.00

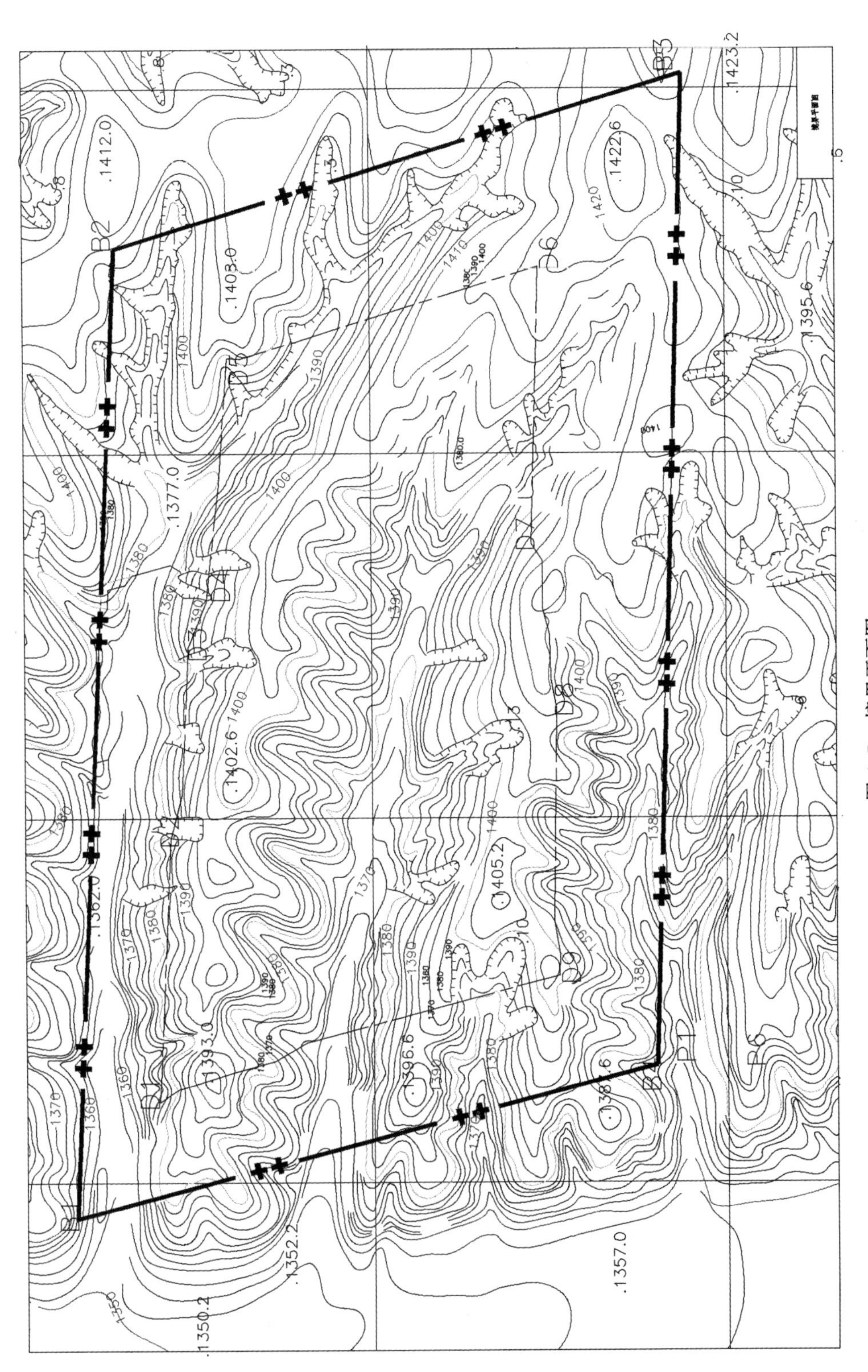
B2
B3
.1412.0
.1422.6
.1423.2
.1403.0
.1395.6
.1377.0
.1402.6
.1405.2
.1362.0
.1393.0
.1396.6
.1352.2
.1357.0
.1350.2

图 4-5　境界平面图

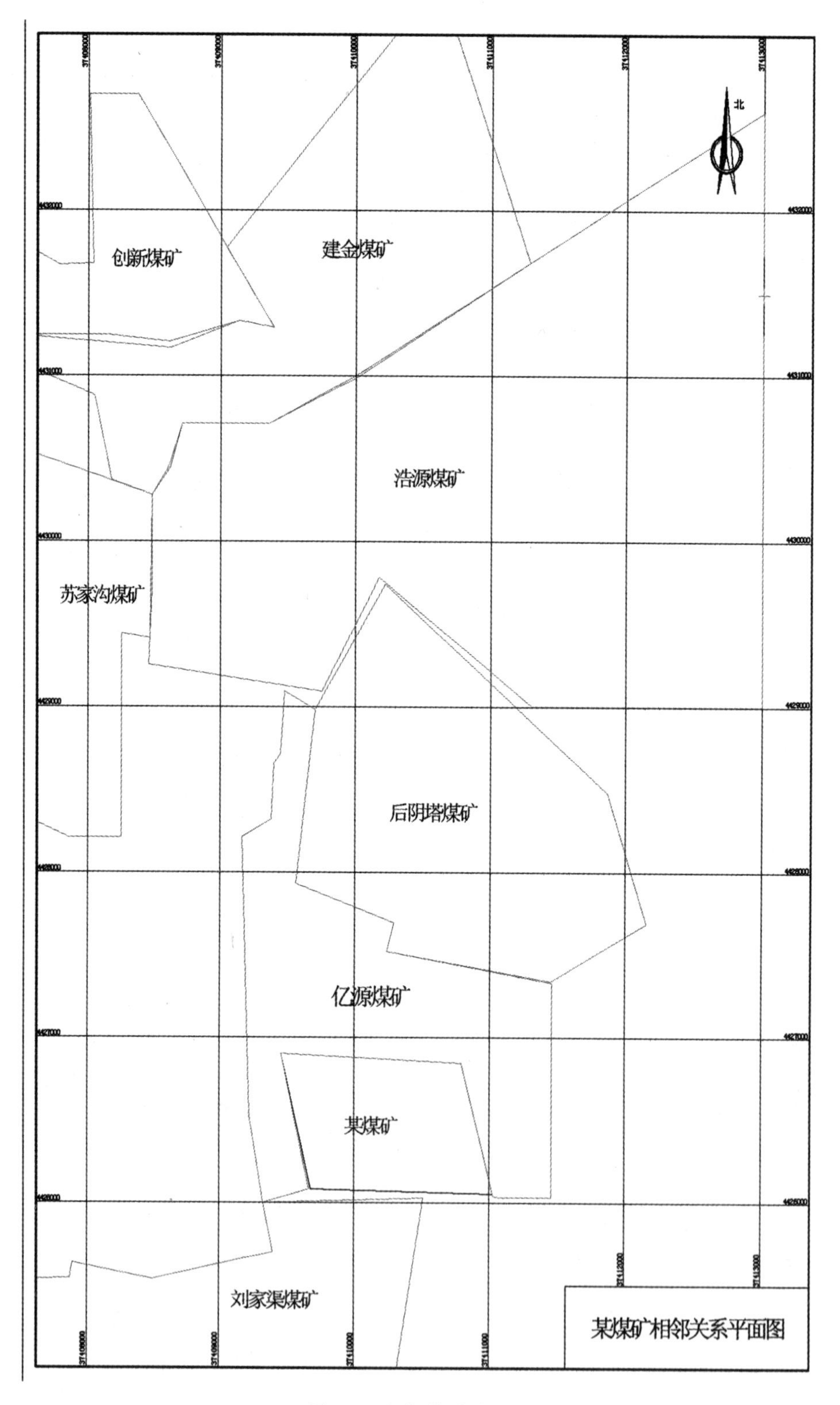

图 4-6　相邻关系平面图

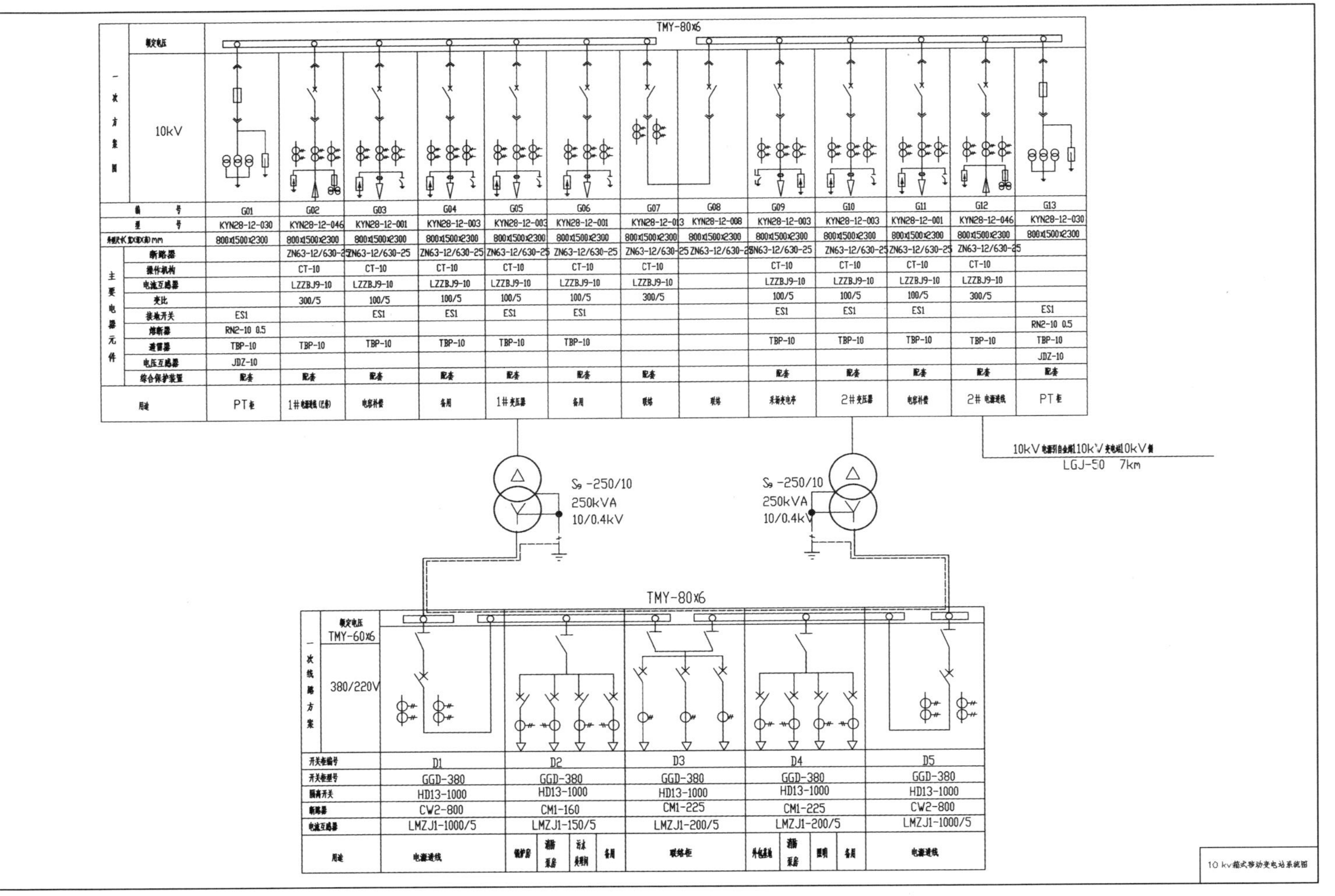

图 4-7　10 kV箱式移动变电站系统图

在开采5-1上煤层时，煤层的平均开采厚度为1.5 m，煤洞的高度为1.8 m，因此，必须采底板0.3 m，如果5-1上煤层变大时，洞高就以煤层厚度为准。按煤厚1.5 m计算，采煤成本为：

$$
\begin{aligned}
c &= \frac{c_1(H_1 \cdot R_1 + \Delta H \cdot R_2)}{H_1 \cdot R_1} + G \cdot \Delta H \cdot R_2 \\
&= 22 \times (1.5 \times 1.35 + 0.3 \times 2.3)/(1.5 \times 1.35) + 13 \times 0.3 \times 2.3 \\
&= 38.47(\text{元}/\text{t})
\end{aligned}
$$

2. 露天采煤机工作参数(表4-4)

表4-4　　采煤机主要工作参数表

序号	主要参数	设计采用
1	机头的选用	采用连采机机头
2	采煤机数量	1
3	煤洞的宽度	2.70 m
4	煤洞的高度	4-2中煤层煤洞高度按煤层厚度，5-1上煤层煤洞高度1.8 m，6-1上煤洞高度按煤层厚度
5	煤洞的深度	4-2中煤层东北方向南北259 m、东西580 m，西南方向南北295 m、东西511 m，东南方向南北311 m、东西730 m。5-1上煤层西北方向南北347 m，东北方向南北311 m，西南方向南北353 m，东南方向南北373 m。6-1上煤层西北方向南北376 m、东西687 m，东北方向南北352 m、东西665 m，西南方向南北390 m、东西615 m，东南方向南北411 m、东西767 m
6	煤洞的倾角	以煤层倾角为煤洞角度，倾角为3°～5°
7	单节胶带长度	12 m
8	煤洞外工作平盘宽度	35 m
9	煤洞顶上平盘宽度	5 m
10	煤洞的形状	4-2中、5-1上、6-1上均为矩形
11	煤洞间安全煤柱宽度	1.8 m
12	采煤机的工作位置	绝大部分在煤洞中，极少部分在工作帮
13	采煤机服务年限	11.02 a
14	采煤机生产能力	60万 t/a

3. 工程量计算

现将露天采煤机工作的工程量加以计算，工程费用主要分为表土剥离费用、岩石剥离费用、采煤费用等。

(1) 表土工程量。

表土按20 m计算，详见表4-5。

表 4-5　汽车＋液压挖掘机开采表土量　单位：万 m^3

位置	西北部	东沟	南沟	合计
数量	749.2	302.4	146.6	1 198.2

（2）岩石工程量。

岩石工程量详见表 4-6。

表 4-6　汽车＋液压挖掘机开采岩石量　单位：万 m^3

位置	西沟	北沟	东沟	南沟	合计
4-2 中以上	1 399.6		698.0	295.7	2 393.3
5-1 上	131.8	40.3	114.6	55.0	341.7
6-1 上	95.6	36.9	86.3	47.3	266.1
合计	1 704.2		898.9	398.0	3 001.1

（3）采煤工程量。

采煤工程量详见表 4-7。

表 4-7　采煤工程量表　单位：万 t

煤层	单斗＋汽车采煤量	采煤机采煤量		合计
		条状开采	网状开采	
4-2 中	178.78	42.42	162.11	383.31
5-1 上	34.31	35.13	90.39	159.83
6-1 上	10.04	56.31	117.71	184.06
合计	223.13	133.86	370.21	727.2

采煤工程量计算 4-2 中煤层详见图 4-8，5-1 上煤层详见图 4-9，6-1 上煤层详见图 4-10。

（4）露天采煤机工作的总费用。

汽车＋单斗挖掘机采掘表土单位费用按 5.30 元/m^3 计算，总费用为：

$$1\ 198.2 \times 5.30 = 6\ 350.46(\text{万元})$$

汽车＋单斗挖掘机采掘岩石单位费用按 8.50 元/m^3 计算，总费用为：

$$3\ 001.1 \times 8.50 = 25\ 509.35(\text{万元})$$

汽车＋单斗挖掘机采掘煤炭单位费用为 5.80 元/t，采煤机采煤统一按 28.00 元/t 计算，采煤费用为：

$$223.13 \times 5.80 + (133.86 + 370.21) \times 28.00 = 15\ 408.11(\text{万元})$$

总费用为：

$$6\ 350.46 + 25\ 509.35 + 15\ 408.11 = 47\ 267.92(\text{万元})$$

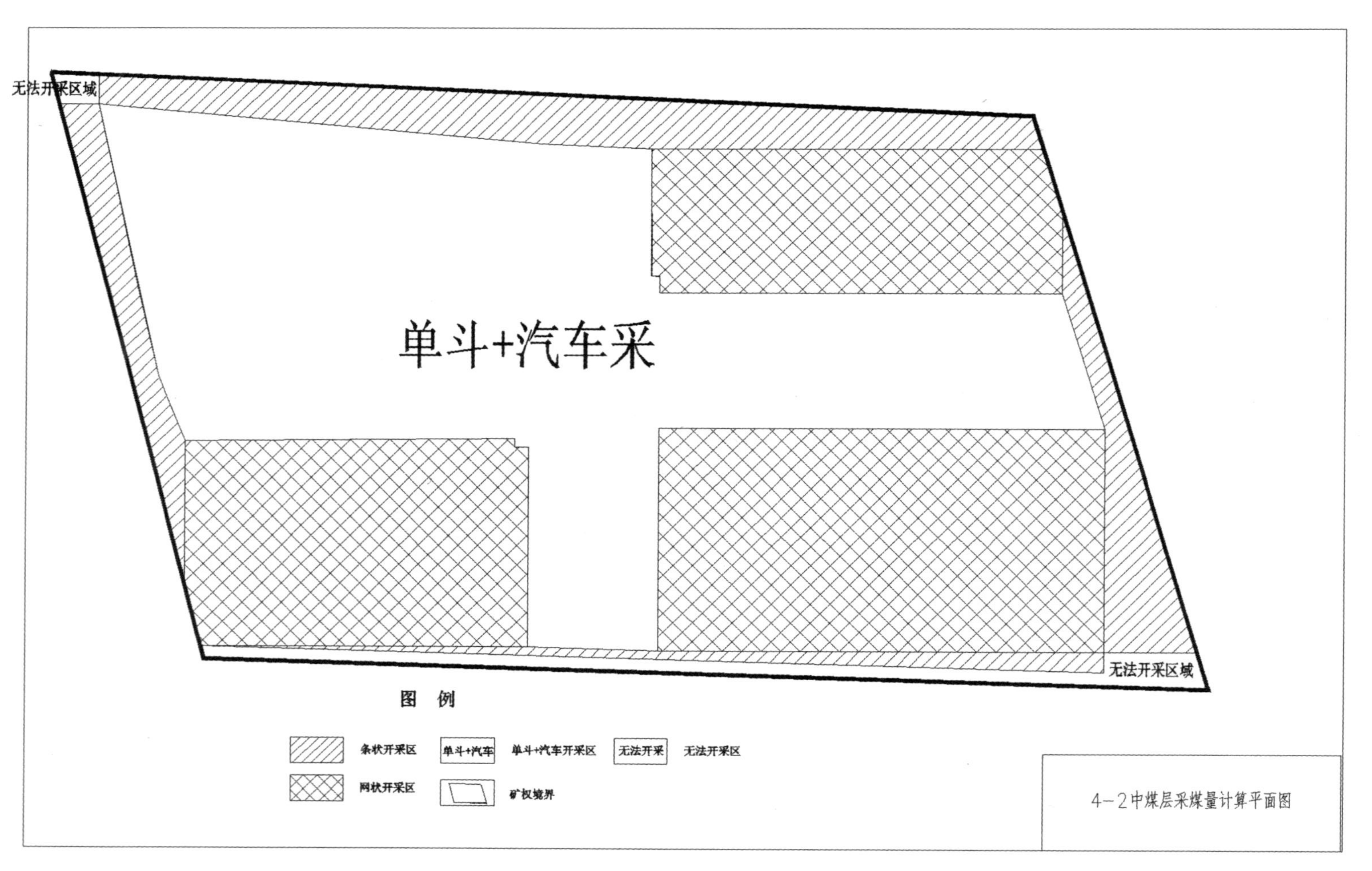

图 4-8　4-2中煤层采煤量计算平面图

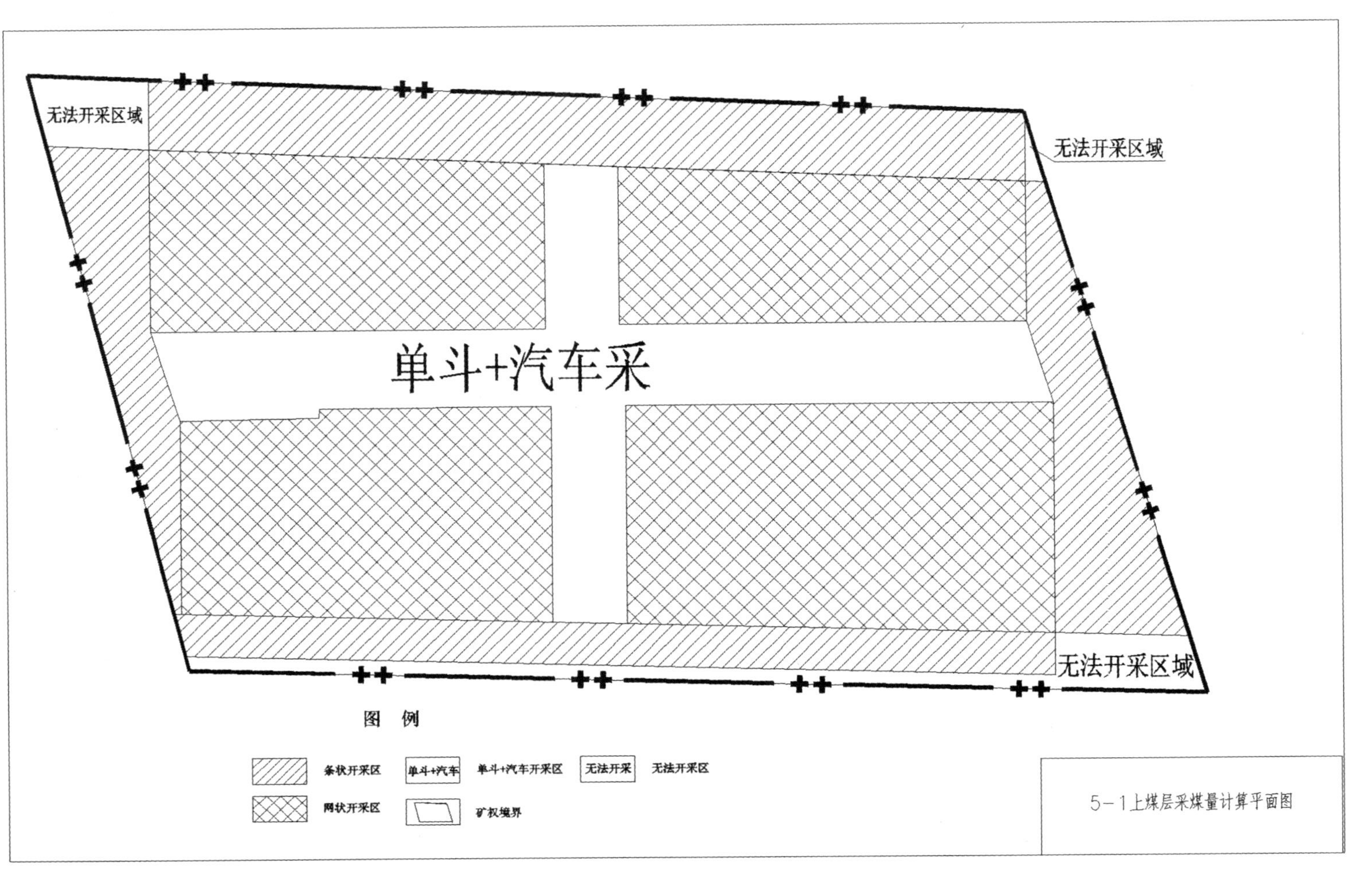

图 4-9　5-1上煤层采煤量计算平面图

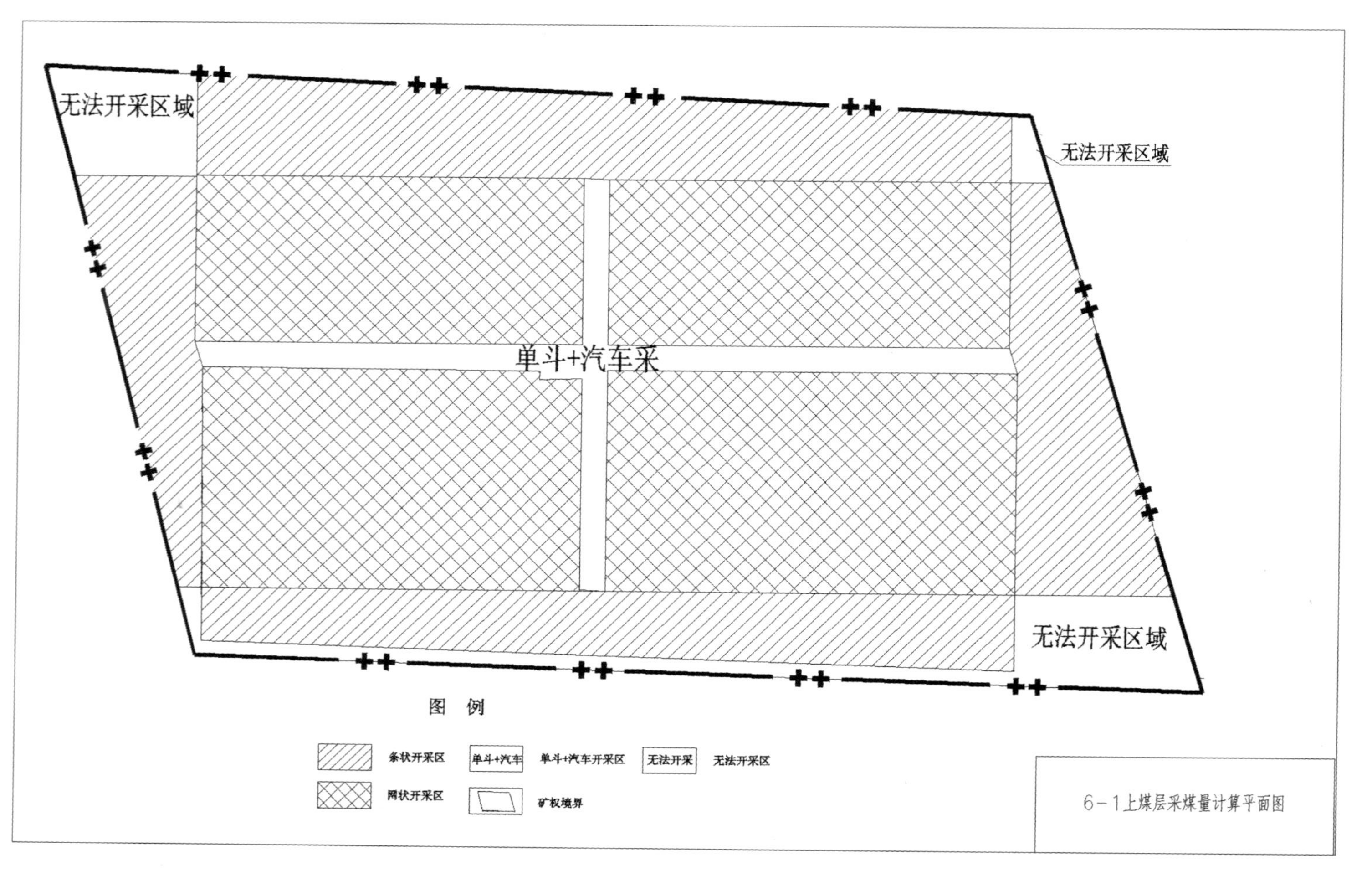

图 4-10　6-1上煤层采煤量计算平面图

平均每吨车间费用为：

$$47\ 267.92 \div 727.2 = 65.00(\text{元/t})$$

4. 露天采煤机开拓工程

留梁采煤方法与边帮采煤方法有很大不同：边帮采煤方法不需要考虑开拓工程，因为其开拓工程很简单，读者一看便知；留梁采煤方法其开拓工程要比边帮采煤法复杂得多，首先要解决的是掘沟工程如何延深到各煤层底板，这时掘沟工程量是怎样运到排土场和煤场，工程延深到 4-2 中煤层底板的平面图见图 4-11，工程延深到 5-1 上煤层底板的平面图见图 4-12，工程延深到 6-1 上煤层底板的平面图见图 4-13，采场最终平面图见图 4-14。

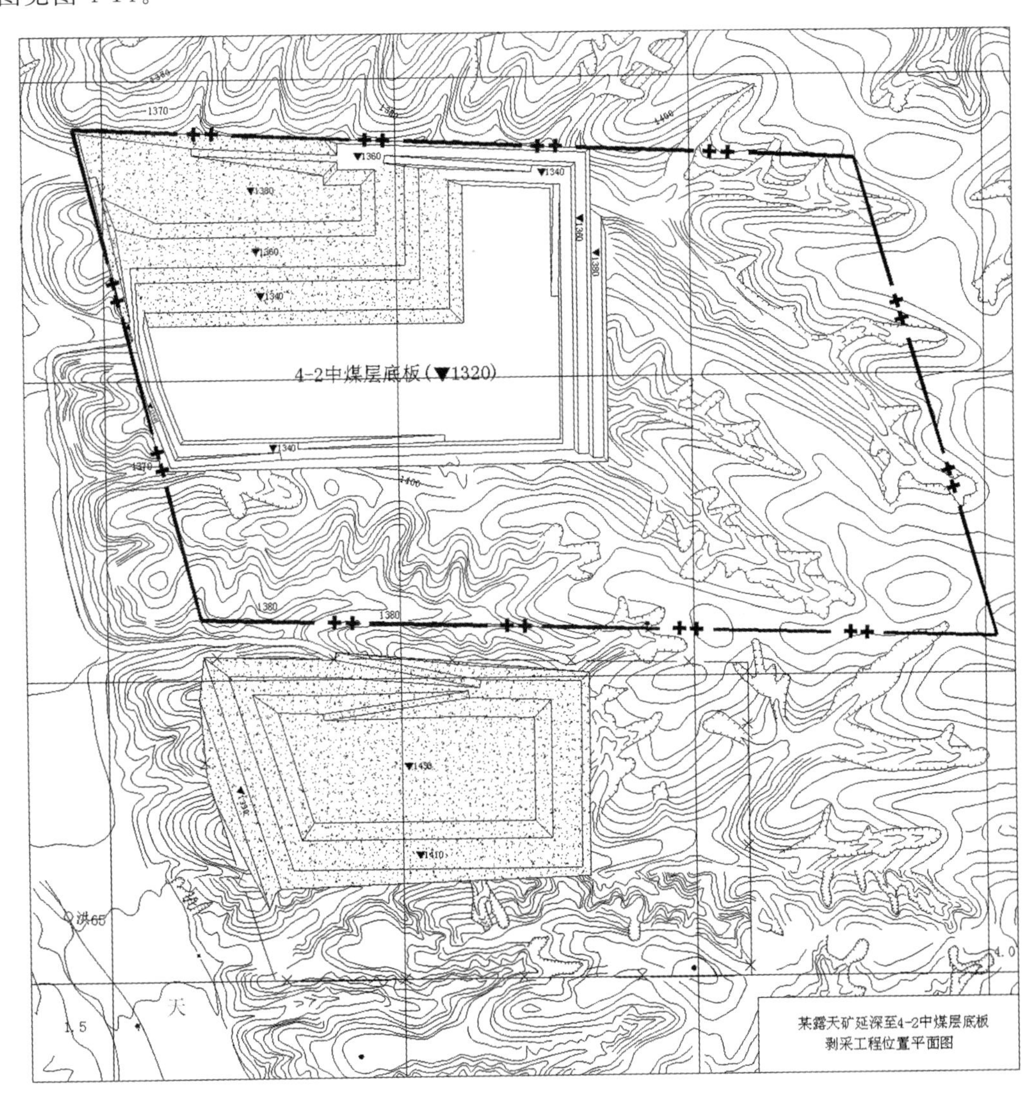

图 4-11　工程延深到 4-2 中煤层底板的平面图

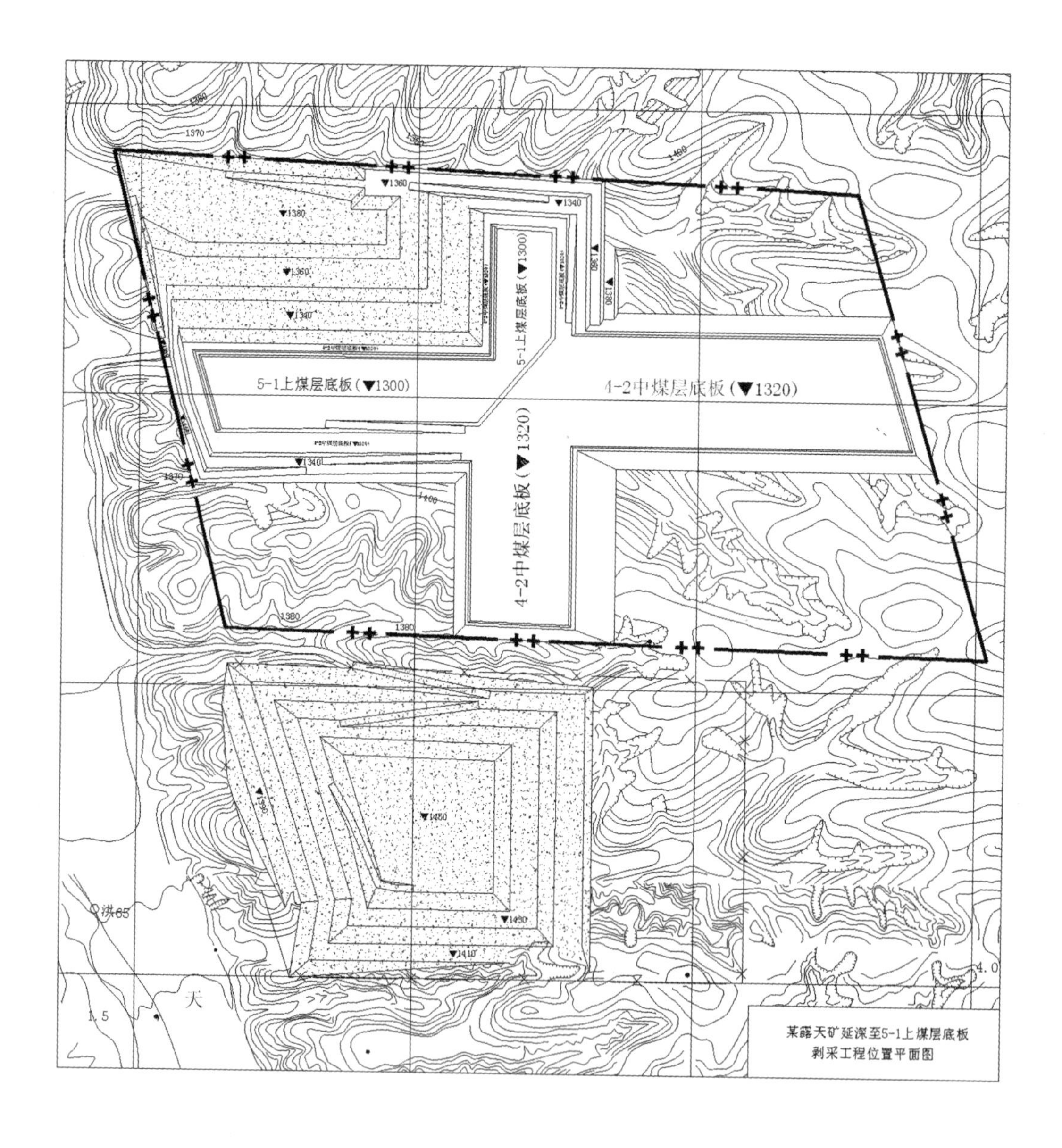

图 4-12　工程延深到 5-1 上煤层底板的平面图

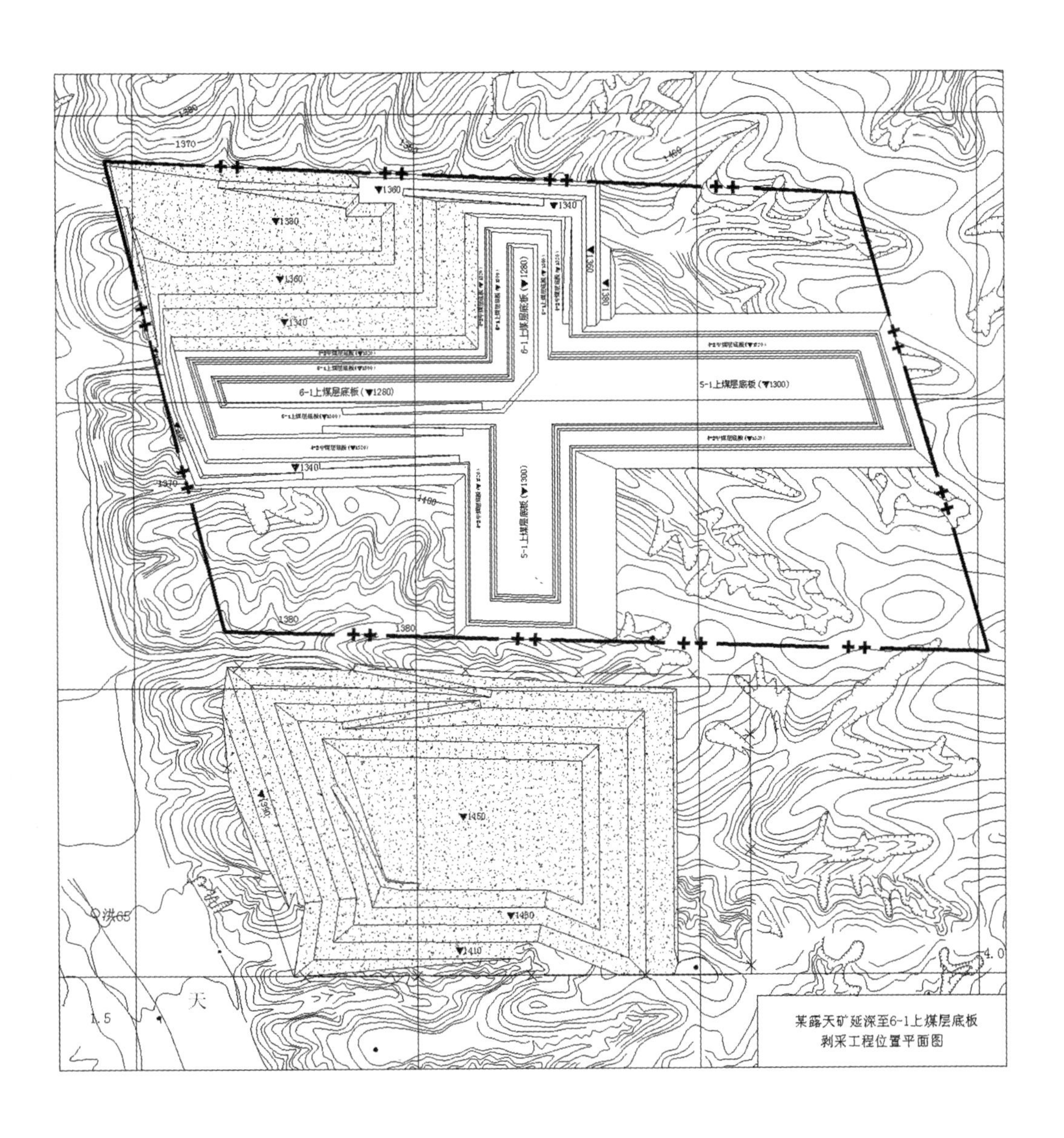

图 4-13　工程延深到 6-1 上煤层底板的平面图

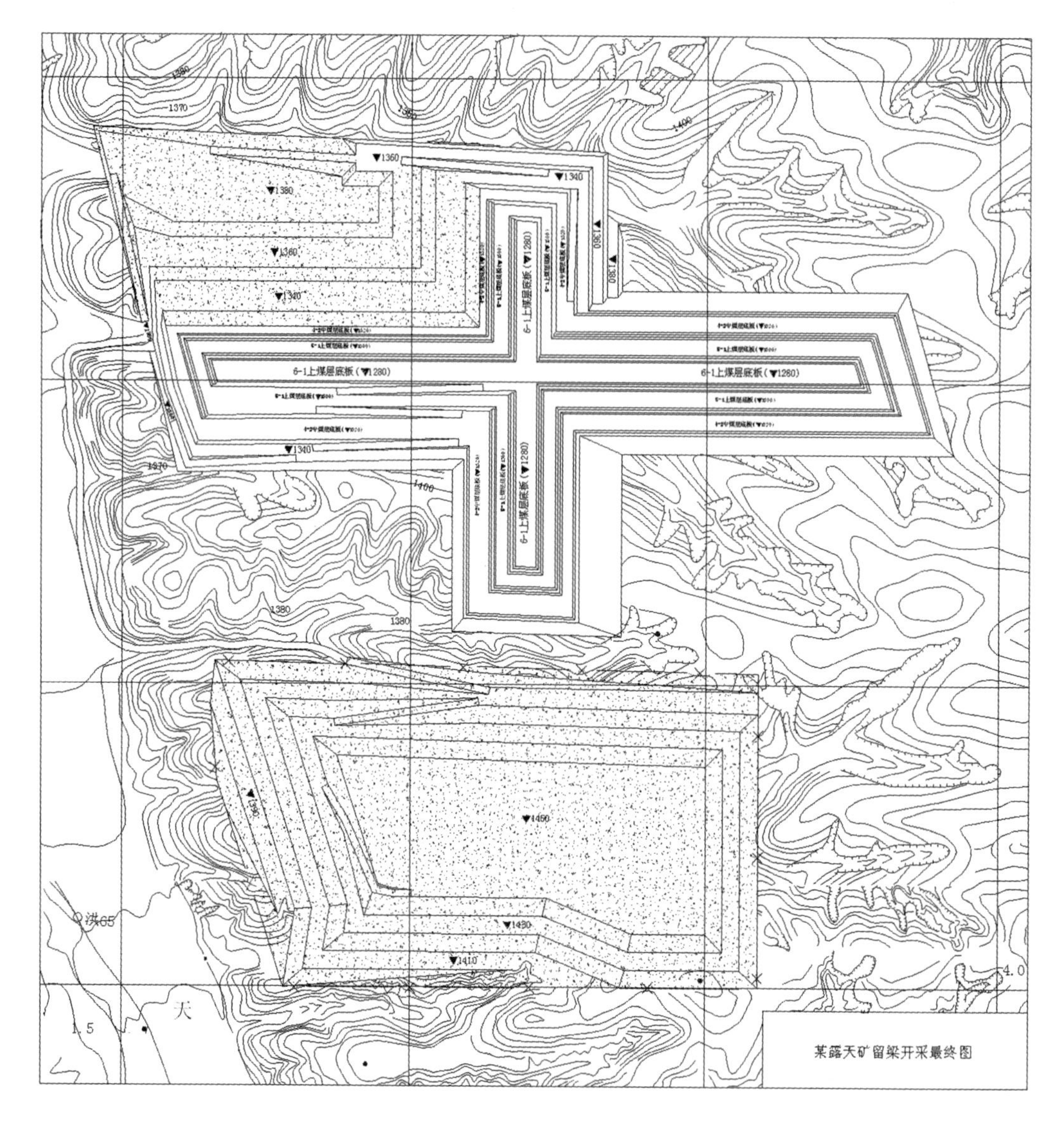

图 4-14　采场最终平面图

四、经济分析比较

表 4-8 为留梁采煤机采煤方法与原初步设计进行比较，主要是两项设计不同之处进行比较，相同之处没有列出。

表 4-8　　**初步设计与留梁采煤法比较表**

序号	项目	单位	原初步设计	留梁采煤设计	备注
1	保有储量	万 t	1 026		
2	工业储量	万 t	978.4		
3	回采率	%	95	条:60,网:80	

续表 4-8

序号	项目	单位	原初步设计	留梁采煤设计	备注
4	可采储量	万 t	563.1	727.2	
5	可采毛煤	万 t	595.2	765.5	
6	回收残煤量	万 t	62.2	62.2	
7	总可采量	万 t	657.4	827.7	
8	总剥离量	万 m^3	9 502	4 199.3	
9	平均剥采比	m^3/t	14.5	5.07	
10	采装设备	台	采煤:1,剥离:10	剥离:5	
11	运输设备	台	采煤:3(20 t),剥离:30(40 t)	运煤:3,剥离:15	
12	钻孔设备	台	采煤:1,剥离:2		
13	推土机	台	8		
14	装载机	台	5	2	
15	外排土场量	万 m^3	4 460	2 200	
16	外排土场面积	hm^2	93.3	50	
17	露天采煤机	套		1	
18	采、运、排工人数	人	218	23	
19	采煤费用	万元	3 944.4	15 408.1	
20	采煤车间成本	元/t	137.25	65.00	

第五章　露天采煤机工作边坡稳定性分析

无论用什么方法进行露天开采，露天矿边坡稳定都是非常重要的，露天采煤机工作更是如此，本章就是从影响边坡稳定的因素分析开始得出露天采煤机工作是安全的结论。

第一节　影响边坡稳定的因素

一、最终边坡角度

露天矿在设计时对边帮角度给定一个值，该值是按下列公式计算的：

$$F=\frac{\sum X/(1+Y/F)}{\sum Z+Q}$$

$$X=[C_i+(\gamma h_i-\gamma_w h_{wi})\tan\phi_i]\Delta X_i/\cos\alpha_i$$

$$Y=\tan\alpha_i\cdot\tan\phi_i$$

$$Z=\gamma h_i\Delta X_i\cdot\sin\alpha_i$$

$$Q=\frac{1}{2}\gamma_w\cdot Z^2\cdot a/R$$

必须满足条件：

$$\sigma'=\frac{\gamma h_i-\gamma_w h_{wi}-c'\tan\alpha_i/F}{1+Y/F}>0$$

$$(1+Y/F)\cos\alpha_i>0.2$$

式中　F——稳定系数；

C_i——瞬时黏聚力；

γ——岩石容重；

h_i——条块高度；

γ_w——水容重，$\gamma_w=\frac{P}{K\times A}$；

h_{wi}——水位高；

ϕ_i——瞬时内摩擦角；

ΔX_i——条块宽度；

α_i——条块底面倾角；

Q——张裂隙水的水平作用力；

σ'——有效正压力。

从上式不难看出最终边坡角α越大，稳定系数F越小，α值越大边帮越不稳定。边帮

角度 α 是按稳定系数 $F=1.2\sim1.3$ 计算的。

在鄂尔多斯地区上述公式在使用上存在着下面问题：

(1) 最终边坡角都在 30°～42°之间，而从使用情况来看 α 值大于该范围。

(2) 为使稳定边坡角在 30°～42°之间，在选取岩体强度时取值偏小。

二、水

地下水对边帮的影响，主要表现在以下两方面：

(1) 水的存在严重降低了边帮岩石的力学指标。露天煤矿的岩石多为沉积岩，沉积岩在遇水后会产生软化现象，其强度会严重下降，表现为内摩擦角降低和黏聚力数值下降。

(2) 水的存在会产生静水压力。静水压力在采空区方向产生水平分力，使边帮易于产生滑坡。水位越高静水压力越大，在数值上压力按下式计算：

$$p=h\cdot\gamma_{\mathrm{w}}$$

式中　h——水深，m；

　　γ_{w}——水的容重，$\mathrm{t/m^3}$。

总之，边帮中水的存在百害而无一利，在其他条件一定的情况下，水越大边帮的稳定性越差。

三、露天矿最终边帮岩石物理力学性质

(1) 露天矿组成边帮的岩石强度越大，边帮越稳定，其公式如下：

$$\sigma'=\frac{\gamma h_i-\gamma_{\mathrm{w}}h_{\mathrm{w}i}-c'\tan\alpha_i/F}{1+Y/F}$$

公式中各字母含义同前。

(2) 我们经常看见，冶金露天矿边帮角均大于煤炭露天矿，就是因为冶金矿山边帮岩石的强度大于露天煤矿边帮的岩石强度。

四、露天矿内岩体主应力方向

露天煤矿的岩石在天然条件下存在着拉伸和压缩两种状态：在处于压缩方向的垂直边帮上，地应力是朝向采空区的，边帮的稳定性就差；在处于拉伸方向的垂直边帮上，地应力是背离采空区的，指向岩石边帮，边帮稳定性变大。

例如三块岩石放在桌面上，分别为 1 号、2 号、3 号，如果中间一块岩石没有抽出(相当于露天矿开采之前)，无论是拉伸状态或压缩状态岩石的稳定性都不发生变化，岩块 1 的力量传给 2，2 又传给 3，或者 3 的力量传给 2，2 又传给 1……如果把中间一块抽出(相当于露天矿已经开采)，那么受压缩力作用，岩石 1 和 3 就更容易倒向中间，而受拉伸力作用，1 和 3 就不容易向中间倒去。压缩力越大，边帮越不稳定，拉伸力无论是大是小，对边帮影响均较小。

主应力方向虽然可以用仪器测量出来，但露天矿开采深度往往很深(如和泰煤矿最终采深达 105 m)，将测量主应力的仪器放入这样的深度也是很难办到的，所以很多煤矿并没有进行主应力方向测定。在实践过程中人们可以根据地形和断层的分布情况粗略算出主应力的方向。

和泰煤矿地势较为平坦，区内无断层等明显反映地应力方向的结构构造，各方向的应力(压缩和拉伸)大致相同，故该矿在主应力方向上无明显区别。

五、边帮相对岩石倾斜方向

边帮的倾向与矿山岩层倾向一致时为顺倾边帮，边帮的倾向与矿山岩层倾向相反时为逆倾边帮，如图 5-1 所示。

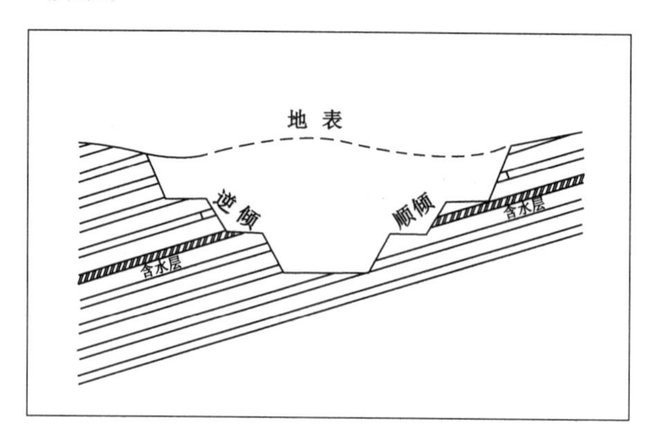

图 5-1　顺倾边坡与逆倾边坡示意图

大量统计证明当存在顺倾边帮时，更容易发生滑坡现象，露天矿岩石中存在着大量的结构面，它们是边帮的软弱夹层，岩石结构面、煤层顶底板、薄煤层极易发生顺层滑坡。另外，顺倾边帮更容易受地下水的影响，地下水沿边坡面流向下方，顺倾边帮表面被涌出的地下水淋湿，水的破坏性影响在顺倾边帮表现更为突出。

六、边帮走向长度

边帮的稳定性与边帮的走向长度紧密相关，在公式 $F=\dfrac{\sum X/(1+Y/F)}{\sum Z+Q}$ 中，下滑力的指向是向采空区的水平分力，其实还有一项是垂直向下的分力，二者的合力才是真正的下滑力。由于垂直向下的分力在边帮走向长度很长的时候很小，相当于零，公式才简化为现在的样式，原有公式应为：

$$F=\sqrt{\left[\frac{\sum X/(1+Y/F)}{\sum Z+Q}\right]^2+C^2}$$

式中　C——垂直方向上的安全系数，其数值与边坡走向长度成反比，取值范围为 0～1，当走向长度大于 300 m 时 $C=0$，当走向长度小于 30 m 时 $C=1$；

其他符号含义同前。

当 L 很大时，C^2 趋于零，公式变为：

$$F=\frac{\sum X/(1+Y/F)}{\sum Z+Q}$$

例如 L 分别取 300 m 和 30 m 两个数值，C^2 前后相差 100 倍，如果后者等于 1，前者只等于 0.01，前者相对于后者是无穷小，我们按 0 处理，如图 5-2 所示。

图 5-2 中，A 点为未滑坡点，B 点为已发生滑坡点，中间隔着滑坡界线，A 点处的岩石必然阻碍滑坡的发生，其阻止力等于滑坡线上未滑坡的面积乘以许用剪切力。滑坡处与

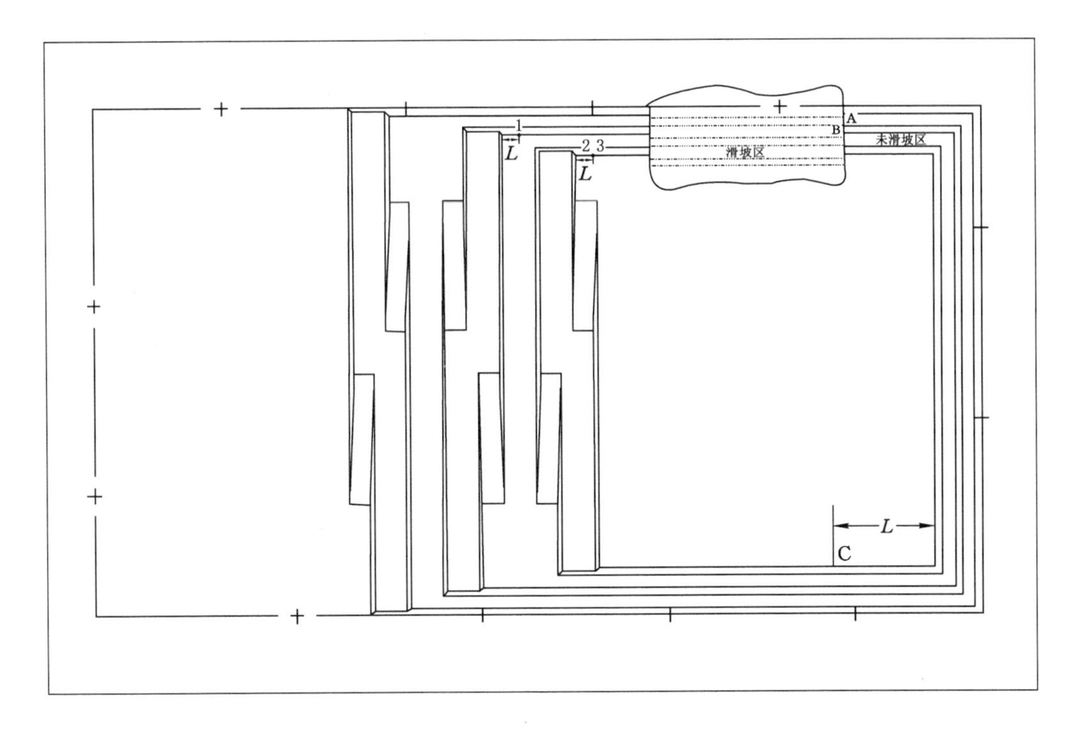

图 5-2　滑坡处与不滑坡处的交线示意图

不滑坡处交线是确实存在的。

七、边帮最终高度

露天矿边帮的稳定性还决定于边帮的最终高度，边帮的最终高度越高，其稳定性越差。露天矿最终开采深度取决于剥采比，其数值等于开采的最下煤层底板与地表垂直高差，数值是一定的，不以人的意志为转移。

八、边帮形成时间长短

露天矿边帮是否稳定还与边帮形成时间长短有关，形成的时间越长越不稳定，形成的时间越短越稳定。

由于露天矿边帮受地震、爆破、打雷、热胀冷缩、车辆行驶等因素的影响，边帮岩体一旦形成裂纹，便不能愈合，长时间处于这种环境中的边帮，其岩体破坏受累计的影响，岩体强度会越来越低，边帮的稳定性越来越差。

第二节　边坡稳定性分析

一旦发生滑坡现象，会给露天采煤机工作带来毁灭性的打击，所以露天采煤机工作的区域应当尽量避免发生滑坡现象，或者在滑坡现象发生之前，将人员设备撤出滑坡区域，这就要求有一个准确的预报系统。由于露天矿边坡涉及几百米厚的岩体，人类无法查明边坡的准确构造和岩体强度，露天矿边帮滑坡预报向来是一个老大难问题。在边帮上安装锚杆和铁链的做法（在基岩上和边帮上固定锚杆，在边帮上用铁链将两个锚杆连接起来，基岩上的锚杆发布受力信息，当铁链断裂时，基岩上锚杆的受力为零，就发出滑坡警报)，虽然能够及时发出滑坡警报，但安装锚杆、铁链花费巨大，且对边帮没有多大支撑作用，本书中不推荐这种方法。

一、边帮稳定的分析

我们知道边帮的走向长度对露天矿边帮产生重大影响，在边帮较短时，岩体的横向应力较大，在目前设计露天矿边帮角的计算中，总是将横向应力忽略掉，取一个不计算走向长度的横截面，如计算公式 $F=\dfrac{\sum X/(1+Y/F)}{\sum Z+Q}$ 就是一个不计算走向长度的公式，或者认为走向长度为1。

不计算边帮走向长度的结果有时是严重不符合实际的，其实在边帮走向长度很短时，对露天矿的边帮稳定影响是很大的。笔者查阅很多资料，不论边帮角多大，边帮长度在30 m以内几乎找不到滑坡的例子，我们认为边帮长度小于30 m时，向下滑坡的安全系数为1；当边帮长度大于300 m以后，露天矿滑坡几乎不受边帮长度的影响，我们通用的边帮角计算公式是比较符合事实的。露天矿采煤机工作的区域，边帮长度往往在30～100 m之内，边帮的安全系数应该加上横向应力一项，使原公式为：$F=\sqrt{\left[\dfrac{\sum X/(1+Y/F)^2}{\sum Z+Q}\right]^2+C^2}$。只有边帮长度大于300 m，$C$ 值忽略不计时($C=0$)，上式才可以简化为 $F=\dfrac{\sum X/(1+Y/F)}{\sum Z+Q}$；当边帮长度小于30 m时，$C=1$。如原公式中前项等于1.2，$C=0$，则 $F=1.2$；如果 $C=1$，则 $F=1.56$。所以按照后式计算确定的边帮角度，在进行边帮采煤时，并不发生滑坡事故。

二、边帮安全系数值不是采煤机工作处的安全系数值

矿山设计中，设计者要找出露天矿四面边帮中最危险的边帮，这个边帮一般主要考虑两个因素：边帮的高度和矿岩的倾向。

边帮的高度总是按边帮最高值计算，岩石的倾向总是按顺倾岩石计算，显然这样得出的边帮角度，是露天矿四面边帮中最危险一帮的角度，而露天采煤机并不是在这样的边帮环境下工作，用这样的角度来代替露天采煤机工作处的边帮角度，显然是过于保守。

三、露天采煤机工作处要进行边帮预加固

露天采煤机工作的露天矿要进行边帮预加固，它主要是要达到两个目的：一是使边帮的安全系数大幅提高；二是在边帮滑坡前预加固杆件要破碎，起到安全预警的作用。

预加固主要是钢筋混凝土制成的加固杆件，在边坡形成后而不是发生滑坡后就安装好，起到对边坡的支护作用。由于支护后的边坡更加稳定，可以增加边坡的角度，减少边坡的采掘工程量，抵消支护杆件制作安装费用。我们可以将加固分为三种，即沟道支护(双面加固)、边帮支护(单面加固)和条件困难时的小加固，这三种支护都是以杆件的横向支护为主，有时也要有一个向下的角度，但该角度一般要小于45°(以竖直为90°)。关于露天煤矿边坡预加固杆件的设计将在下一章详细讨论，这里就不再叙述。

第六章　露天矿边坡预加固

第一节　预加固分析

所谓的边坡预加固，就是在露天矿边坡未发生滑坡现象之时提前给边坡预支护，支护的材料是钢筋混凝土件。采矿工作者总是希望在滑坡之前就将人员、设备安全撤出，使滑坡给矿山造成的损失最小。不论采用什么样的工作方式，一旦工作区域发生滑坡，都会给露天采煤机工作带来毁灭性的打击。

一、加固分析

露天矿边坡稳定非常重要，但是在发生滑坡之前，采矿工作者往往不能预先知道何时何处发生滑坡、滑坡量有多大。露天矿边坡涉及岩体厚度可达几百米，其间有任何地质构造，不论是否查清，都会对边坡稳定产生重大影响。我们提出露天采煤机工作的边坡需要加固，主要是出于两方面考虑：

(1) 能够清楚地知道边坡受力情况。支撑杆件的应变，可以清楚地反映出边坡受力情况，使不可知的边坡受力情况变成一目了然。

(2) 在知晓了边坡受力情况的前提下，对边坡产生巨大的支撑作用。过去通过很多方法(比如边坡锚杆法)能够知晓哪处要发生滑坡，但是花费很大，却对边坡稳定的支撑作用很小，本书提出的办法就是不但能够知道边坡的危险性，同时对边坡还会产生巨大的支撑作用，并且这项费用可以通过增大帮坡角，减少土石方量来得到补偿，经计算，减少土石方量的费用远大于钢筋混凝土支撑件的制作安装费用。

过去的边坡加固多以打抗滑桩等方式进行，本书要介绍一种新的防滑杆件。抗滑桩是以竖直方式进行抗滑，其钢筋混凝土杆件的强度没有充分利用。本方法是将钢筋混凝土杆件横着使用，使其强度得以充分利用，经查表得知，200 号混凝土的抗压强度为 2 000 t/m^2，如果混凝土内适当加入钢筋，其强度会大幅提升。

露天矿的边坡按照加固的方式可分为单侧加固和双侧加固。单侧加固指的是一般边坡，即一边有边坡，一边是采空区，采空区一侧无支撑点。按照单侧加固的方法可分为小加固和一侧加固，小加固在矿山进行一侧加固施工比较困难的时候采用，它的效果虽然没有一侧加固效果好，但它方法简单，所用地方范围小，在露天矿边帮预加固中还是经常用到的，如出入沟前期的加固等。双侧加固就是我们通常说的沟道方式，两侧同时加固，两侧都有支撑点，只要把支撑杆件垂直于沟内边坡水平放入，它会产生很大的支撑作用。

二、加固杆件的形状及名称

加固杆件分小加固、一侧加固和双侧加固，杆件形状略有不同，如图 6-1、图 6-2 和图 6-3 所示。

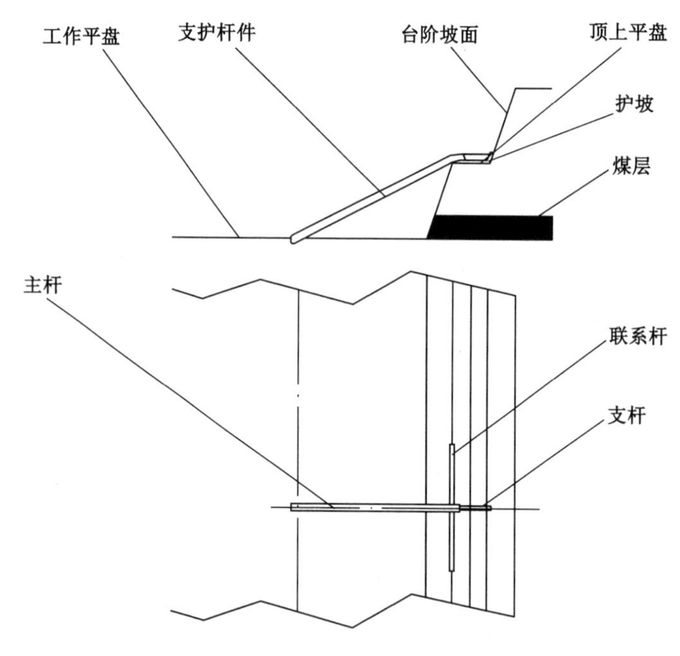

图 6-1　小加固示意图

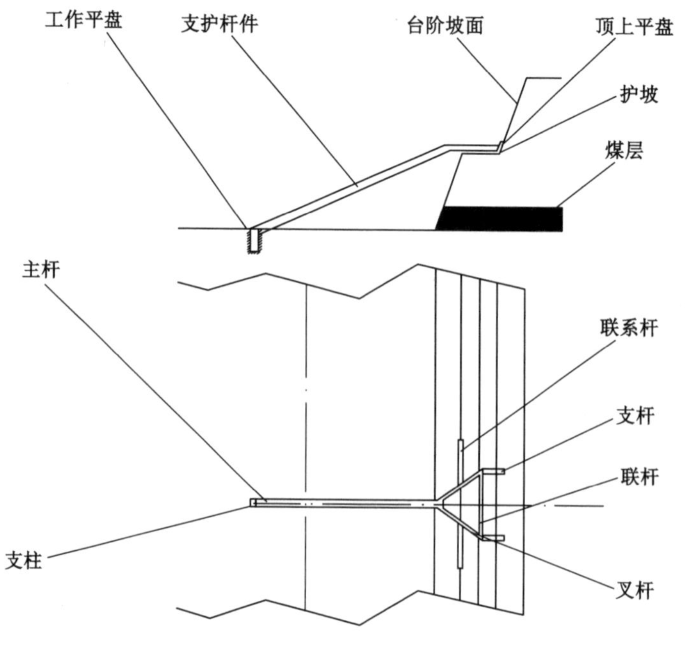

图 6-2　一侧加固示意图

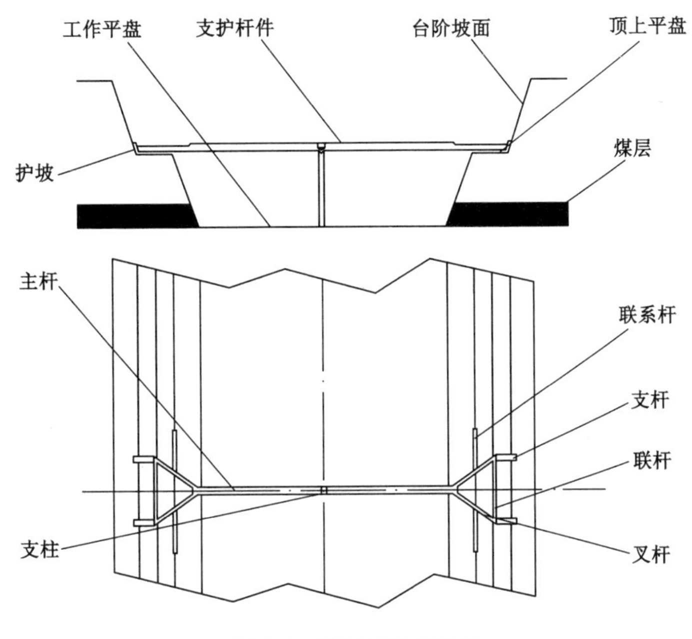

图 6-3　双侧加固示意图

小加固、一侧加固和双侧加固所包含的杆件不相同。小加固只有支杆、主杆、联系杆、护坡。一侧加固有支杆、联杆、联系杆、叉杆、主杆、支柱、护坡。双侧加固有支杆、联杆、联系杆、叉杆、主杆、支柱、护坡、顶杆。各杆件的长度和形状略有不同，主要由被支护的边帮的形状和尺寸决定。

1. 支杆

一头支向加固的边坡，另一头和叉杆连接，一套系统中每侧有两根。其作用为：一是增加支撑点；二是防止杆件穿入边帮；三是支杆粗度仅为主杆的 80%，在过载的情况下，支杆首先断裂，而整个杆件不会落下，伤及下部的人员设备，它起到一道安全阀的作用。

2. 联杆

联杆两头都连着叉杆，它的作用主要是：

(1) 防止叉杆岔开，同时起到防止叉杆岔开作用的还有联系杆和两道叉杆中间部。

(2) 它是杆件的第二道安全阀，一般情况下该杆件受拉伸作用，钢筋混凝土杆件的抗拉强度远小于抗压强度，在横断面积相同的情况下，拉伸作用更容易使杆件破坏，当它损坏时杆件并不下滑，可以起到安全阀的作用。

3. 叉杆

一套杆件中每侧叉杆有两条，它主要是为了防止杆件滚动，增加支撑点的数量，同时它也要将支杆的力传给主杆。

4. 主杆

主杆为一套杆件的主要部分，它主要起到支撑边坡的作用。

5. 顶杆

顶杆两端连着两个主杆，是将一个主杆的支撑力传到另一个主杆上。顶杆是第三道安全阀，如果支杆和联杆没有及时动作，顶杆的截面积仅为主杆的 80%，加上两侧的支撑力也仅有主杆的 90%，当过载时，顶杆要先于主杆断裂，顶杆断裂时主杆并不坠落，这样就能很好地保护主杆下面的设备及人员。

6. 联系杆

联系杆两头连着相邻两套系统的叉杆，它的位置正好在台阶的坡顶线上部，它的作用主要有以下几点：

(1) 通过联系杆，整个杆件系统连成一体，成为更大的杆件系统，既能增加单个杆件的强度，同时也增加杆件系统的稳定性。

(2) 由于它正好处于保护边帮坡顶线的位置，可以有效地防止上部岩层对下部露天采煤机防护棚的冲击，防止防护棚被较大岩块击中的可能性，起到保护防护棚的作用。

(3) 对两个支杆之间的岩体起到一定的防护作用。

7. 支柱

一侧加固和双侧加固是不同的。双侧加固支柱是在外边，其长度应等于台阶高度，但因施工困难(主要是挖硐室困难)，支柱也可以不需这样长，下部用碎石支撑也可。一侧支护时，支柱必须埋入煤层底板，其深度以 3～4 m 为宜，其长度主要由底板强度决定。

8. 护坡

护坡也是钢筋混凝土制作，它位于顶上台阶的坡底处，高度为 1.6 m，宽度为 1.5 m，长度与加固平盘相同，厚度为 0.3 m。它主要有三个作用：一是增大支杆穿透边坡的阻力；二是保护顶上台阶底部的岩石免遭水的侵害；三是在两个杆件之间加一道防护，可以减少杆件之间岩石的下落。

第二节　加固杆件的设计

一、加固杆件的设计主要须解决的问题

1. 两个杆件之间的距离

相邻杆件之间的距离主要由以下几个因素决定：

(1) 边坡岩石的强度。强度越大，杆件的密度可以降低。

(2) 杆件的粗度。杆件越粗，单套系统支撑力越大，杆件密度可以降低，当杆件达到一定粗度时，钢筋混凝土杆件的养护、干燥等事项都困难，所以杆件的粗度要受这些因素的影响。

(3) 两杆件的距离过稀会使两个杆件之间的岩石漏出。

杆件的密度可参照下列公式：

$$\frac{L\Big/\Big[\sin\alpha\sum(h_i\cdot[\tau]_i)\Big]+S\cdot[\sigma]+KV\gamma\cos\alpha}{V\cdot\gamma\cdot\sin\alpha}=1.2$$

$$L=\frac{1.2\cdot V\cdot\gamma\cdot\sin\alpha-S\cdot[\sigma]-KV\gamma\cos\alpha}{\sin\alpha\cdot\sum(h_i\cdot[\tau]_i)}$$

式中　L——两套杆件的间距，m；

　　V——滑体体积，m^3；

γ——岩体容重，t/m^3；

1.2——安全系数；

α ——滑面倾角，(°)；

$\sum(h_i \cdot [\tau]_i)$ ——第 i 岩层的厚度乘以第 i 岩层的抗剪强度然后求和，$i=1,2,3,\cdots,n$，t/m；

S——支杆的横截面积，m^2；

$[\sigma]$——钢筋混凝土的抗压强度，t/m^2；

K——平均摩擦系数。

2. 杆件的粗度

杆件的粗度直接表达支撑件的支撑力，杆件越粗支撑力越大，在诸多杆件中，主杆的粗度是最先确定的，它与被支撑边帮的下滑趋势有关，其他杆件都是按照它确定的。假设主杆的横截面积为 $S_{主}$，则：

$$S_{支}=0.4S_{主}, S_{叉}=0.7S_{主}, S_{联}=0.7S_{主}, S_{顶}=0.8S_{主}, S_{联系}=0.12S_{主}$$

式中　$S_{主}$——主杆的横截面积，m^2；

$S_{支}$——支杆的横截面积，m^2；

$S_{叉}$——叉杆的横截面积，m^2；

$S_{联}$——联杆的横截面积，m^2；

$S_{顶}$——顶杆的横截面积，m^2；

$S_{联系}$——联系杆的横截面积，m^2。

3. 杆的长度

杆的长度与支护的距离有关，支护距离决定于沟底的宽度，沟底宽 35 m 时：

$$L_{主}=36\ m, L_{支}=2.8\ m, L_{叉}=7.2\ m, L_{联}=10\ m, L_{顶}=1\ m, L_{护}=36\ m$$

$L_{联系}$与杆的间距有关，当两条杆相距 36 m 时：

$$L_{联系}=26\ m$$

式中　$L_{主}$——主杆的长度，m；

$L_{支}$——支杆的长度，m；

$L_{叉}$——叉杆的长度，m；

$L_{联}$——联杆的长度，m；

$L_{顶}$——顶杆的长度，m；

$L_{联系}$——联系杆的长度，m；

$L_{护}$——护坡的长度，m。

这些也可以列表表示。

二、支护后滑面形状

在一般情况下，滑面的形状为圆弧形或直线形，实际中滑面的形状受边坡岩体的构造影响巨大，滑面的形状既不是标准的圆弧状，也不是标准的直线状，由于我们无法准确地获得边坡岩体的详细构造，也无法分析除上述两种情况以外的滑面形状，且大多数滑坡大致与上述两种滑面相似，我们只能把滑面简单地划分为上述两种滑面。通过人为支护后，滑面的形状会发生一定的变化，如图 6-4 所示。

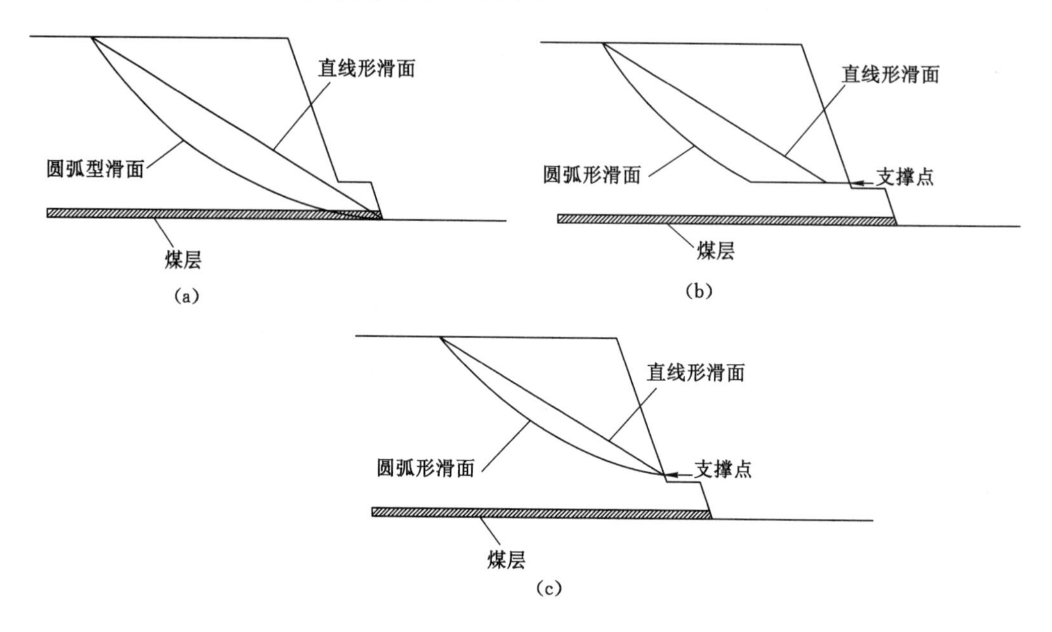

图 6-4　加固后滑面形状示意图

(a) 边坡未加固之前滑面情况；(b) 边坡加固之后新滑面按原来滑面发展；
(c) 边坡加固之后新滑面向上提高一个距离

如图 6-4(b)所示，支撑后的新滑面仍按原来滑面发展，只是在支撑点的位置滑面变成直线形。如图 6-4(c)所示，支撑后的新滑面向上提高一个距离。不论新滑面怎样变化，得出如下结论：

(1) 支撑点应尽量接近滑体重心，具体来说支撑面越高，效果越好。但是支撑点变高以后，杆件的长度要大幅增加，使杆件的制造安装费用大幅增加。

(2) 支撑以后新滑面还按原来滑面走的情况，一般小于新滑面向上提高一个距离的情况，危险滑面多数出现在向上提高一个距离。

(3) 支撑以后要对边坡的稳定性进行校核，主要对滑面向上提高一个距离后边坡的稳定系数进行验算。

第三节　三角形运输平台的挖掘与支护

一般来说平台的顶面基本是一个平面，但在运输系统中运输平台往往是一个斜面。这里所说的运输平台，是指煤层上部最下一个三角运输平台，该平台上部连接整个运输系统，下部连接煤层底板，下部台阶采出的矿岩是通过它运出采场的。

一、三角运输平台煤层的采掘

当三角运输平台通过煤层时，运输平台在煤层之上总是要清理的，先采出平台下部的煤炭，然后再垫上土岩，恢复运输道路。不同的矿山工程师，在不同的煤层厚度清理长度是不一样的，有的可以长一点，有的可以短一点，但总是要清理的，最短的也要清理煤层露出长度，最长的要清理整个三角平台的长度，在清理正规运输系统三角台阶煤层时，运输车辆通过别处的临时道路上到运输系统。

露天采煤机工作也会遇到三角运输平台，也需要清理煤台阶，所不同的是清理完煤台阶后，如果后边的是最终边帮也采用露天采煤机生产，在清理完煤层后不能立即填上土岩，而是将其后面的煤层用露大采煤机采完后才能填上上岩，恢复道路，这段时间很长，如果临时运输道路不是很畅通的话，将会影响露天矿的生产。

本书建议清理长度以煤层顶板以上 3 m 为界，该采煤机开采下部煤层上部要走车时，道路上要铺设保护铁板，铁板的厚度最小 5 mm，长度最少比洞宽长 3 m，两端各搭 1.5 m，宽度要以能行走两辆车为宜。如果钢板本来尺寸达不到上述指标，需将钢板焊接。

当下部煤洞撤出采掘设备之后，要立即进行回填，此时钢板还不能挪到未来煤洞上，等充填完成以后，方允许将钢板移到新煤洞之上进行下一煤洞的防护。回填长度最少要比道路宽度长 2.5 m，回填度最少要达到 80％以上。如图 6-5 所示。

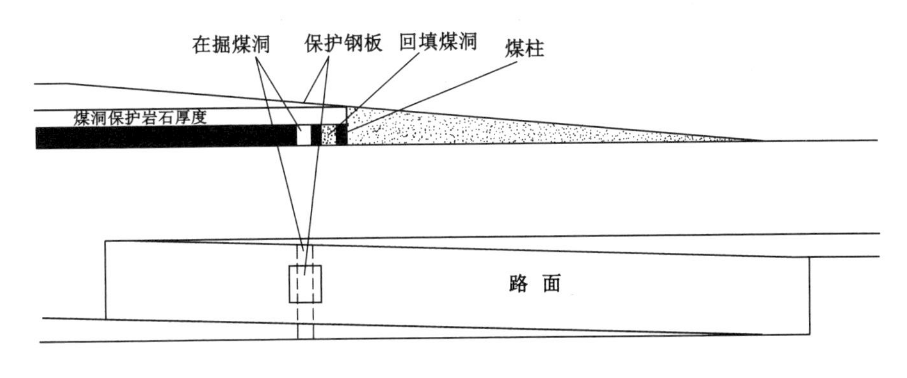

图 6-5　保护铁板防护示意图

之所以提出以上要求，如防护铁板长、宽、厚的要求和回填煤洞的要求，主要是为了防止上部行车压塌煤洞造成设备、人员的损失，要求煤层上面有 3 m 岩石保护，也是为了防止煤洞压塌。

二、三角运输平台边坡的支护

三角平台处边坡的支护与正常开采台阶边坡的支护略有不同，主要表现在以下几个方面：

(1) 当边坡位于最终边帮 50 m 以内时，最终边帮对边坡的支护力很大，远大于我们设计的支护杆件，其影响范围在 50 m 以外，所以 50 m 以内不需支护。

(2) 三角平台一般在开采平台向外平移运输道路宽度，三角平台的支护杆件和一般台阶的支护杆件要向外移动道路宽度。在先掘开断沟后掘出入沟的露天矿，支护杆件要在开采台阶时修筑，它与正常台阶支护没什么区别。在先掘出入沟后掘开断沟的露天矿，支护杆件的浇铸比较困难，尤其是支柱坑的挖掘比较困难(因为支柱坑很深)，解决问题的办法有三种：一是在清理完台阶后再浇铸支撑杆件，这样做因支模高度较高，施工有一定难度；二是用小杆支护，用一个斜杆只支护台阶边帮，这样做支护效果差但施工简单，费用也低，由于运输道路宽度被支护杆件占据一定宽度，道路宽度要适当增加；三是三角平台不予支护，最下一个三角平台往往是靠近最终边坡，其稳定性较好，最下一个三角平台所处位置由于三角平台的存在帮坡角较缓,大多数情况下不支护也能保持其稳定性。

第四节 施工过程

支撑杆件的浇铸,要按一定的程序进行,不能过早也不能过迟。

一、支撑杆件浇铸

支撑杆件在最下一台阶爆破完后开始支模浇铸,从一头开始。先将钢筋骨架连接好,各种杆件的配筋将后续论述。然后做好各杆件的支撑模,除第一个杆件以外,其余的杆件都必须留有出口,不能完全封死,使搅拌车能自由进入第一个杆件浇铸处,当第一个杆件浇铸完毕后,搅拌车通过出口退到第二个杆件浇铸处,这时先焊接钢筋使第二个杆件的出口封闭,再支上模具进行第二个杆件浇铸,以此类推,直到最后一个杆件浇铸完毕。

二、支撑杆件下部岩石的采装

利用液压反铲修路,其道路在支撑杆件上部通过支撑杆件,挖掘机站在支撑杆件的后面,反挖支撑杆件下部的土岩,运输车辆站在支撑杆间的下面、挖掘机的前面,与挖掘机隔一道支撑杆件。一般情况下可将台阶按高度划分为 3 个分层,每个分层 3～4 m,在开采第一个分层时,液压挖掘机站在杆件的后面挖掘杆件下面的岩石,装入杆件前面的自卸卡车运走,自卸卡车一直在支撑杆件的下部行走,当采完第一分层之后,支撑杆件已悬在上部,自卸卡车和挖掘机都在支撑杆件的下部工作,开采第二、第三分层。挖掘机采装支撑杆件下部示意图如图 6-6 所示。

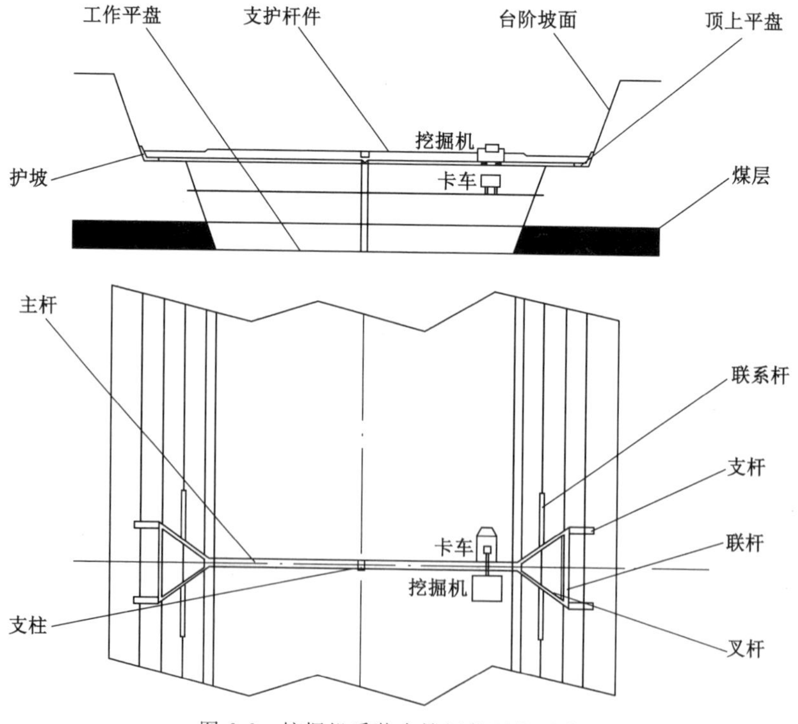

图 6-6　挖掘机采装支撑杆件下部示意图

这里需要说明的是支撑柱浇铸的坑要人工向下挖掘，每套杆件都要有一个支柱，这项工作较困难，施工方需组织好。

三、配筋

这里所说的配筋工作主要指支撑杆件配置钢筋。支撑杆件是由钢筋混凝土制造而成的，每个杆件都采用四方形配筋，主杆每侧配 3 根钢筋，钢筋的直径由杆件的粗度来决定，一般在 1.5～2.0 mm 之间。以主杆粗度为 1 000 mm×1 000 mm 为例：每隔 0.5 m 放置一个方框，将主筋固定在方框上，方框由直径为 10 mm 的钢筋焊接而成，方框为 0.8 m×0.8 m。不论是何种杆件，方框的走向距离都是不变的，杆件的连接处要焊接。

叉杆配筋每面有 2 根钢筋，分别位于方形的四角，钢筋方形为 0.5 m×0.6 m，钢筋的粗度与主杆相同，其他杆件的粗度也与主杆相同。

联杆截面为 0.7 m×0.9 m，每侧 3 根钢筋，共 8 根钢筋，配筋方块为 0.6 m×0.8 m。

支杆截面为 0.7 m×0.6 m，每侧 2 根钢筋，位于方块的 4 个角。配筋方块为 0.6 m×0.5 m。

联系杆截面为 0.4 m×0.3 m，每侧 2 根钢筋，配筋方块为 0.3 m×0.2 m。

顶杆每侧 3 根钢筋，配筋方块为 0.8 m×0.8 m。

护坡每隔 0.5 m 设 1 根竖杆和 1 根横杆，中间 2 根平行台阶钢筋，竖杆长度为 1.6 m，横杆长度为 1.5 m。横、竖 2 根钢筋也可连起来，用 1 根 3.1 m 中间折弯来代替。

第五节　边坡预加固可行性经济分析

以鄂托克旗某露天煤矿为例，分析支撑杆件的经济可行性。加入支撑杆件以后，边坡角可以提高，剥离物减少，其值是否可以抵消浇铸杆件的费用呢？现举例说明。

某露天煤矿北部采用地下开采，中间选用传统露天开采，南部 16-1 煤层、16-2 煤层采用露天采煤机开采，支护杆件设在 16-1 煤层东西沟南侧，采用小加固。16-2 煤层东西沟采用双侧加固，沟底宽度为 35 m，在南侧开一条沟，沟底可达 16-2 煤层底板，向北采用传统露天开采，向南采用露天采煤机开采。16-2 煤层沟底采用双侧加固，方框采用 ϕ10 mm 钢筋，质量为 0.612 3 kg/m，每隔 0.5 m 放一个；主筋采用 ϕ15 mm 钢筋，质量为 1.378 kg/m。

单侧加固架间距选 36 m，帮坡角由支护前的 36°变为 43°，剥离物总厚度为 110 m，每一套支撑件支护共少剥离量为：

$$V=\frac{1}{2}H^2\cdot L\cdot(\cot\beta-\cot\alpha)$$

式中　V——支撑后少剥离量，m^3；

H——边坡高度，此处取 $H=110$ m；

L——支撑架之间的间距，取 $L=36$ m；

β——支撑前的帮坡角，$\beta=36°$；

α——支撑后的帮坡角，$\alpha=43°$。

经计算：

$$V=6.62\ (\text{万 m}^3)$$

按剥离物 8.2 元/m^3 计算，共为 54.28 万元。

钢筋按 3 700 元/t 计算，一个架体共消耗钢筋 1.504 t，计算得一个架体花费：

$$3\ 700 \times 1.504 = 5\ 564\ (元)$$

混凝土按 400 元/m^3 计算，一个架体共消耗混凝土 96.3 m^3，计算得一个架体花费：

$$400 \times 96.3 = 38\ 520\ (元)$$

合计：

$$5\ 564 + 38\ 520 = 44\ 084\ (元)$$

人工费包括电费、电焊条、接头等其他费用，按工料各半计算为 44 084 元。合计为：

$$44\ 084 + 44\ 084 = 88\ 168\ (元)$$

每一套支护杆件消耗材料如表 6-1 所列。

表 6-1　单侧加固钢筋、混凝土用量表

杆件名称	杆件长度/m	截面(高×宽)/(m×m)	方框			主筋				钢筋用量/kg	混凝土用量/m^3
			尺寸(高×宽)/(m×m)	单位长度用量/bm^3	总量/kg	数量/个	杆件数量/根	单位长度用量/kg	总量/kg		
上部平台宽度	5										
杆件间距	36										
支杆	2.8	0.7×0.6	0.6×0.5	2.69	15.1	4	2	5.5	30.9	46.0	2.4
叉杆	7.2	0.7×0.9	0.5×0.7	2.9	21.2	4	2	11.0	79.4	100.6	9.1
主杆	36.5	1.0×1.0	0.8×0.8	3.9	143.0	8	1	11.0	402.4	545.4	36.5
联杆	10	0.7×0.9	0.6×0.8	3.4	34.2	8	1	11.0	88.2	122.4	6.3
联系杆	31	0.4×0.3	0.3×0.2	1.2	38.0	4	1	5.5	170.9	208.8	3.7
支柱	4	1.0×1.0	0.8×0.8	3.9	15.7	8	1	11.0	44.1	59.8	4.0
护坡	36	3.1×0.3	横 2 竖 2					11.3	406.8	406.8	33.5
合计										1 489.8	95.5

如果用双侧加固消耗材料则如表 6-2 所列。

表 6-2　双侧加固钢筋、混凝土用量表

杆件名称	杆件长度/m	截面(高×宽)/(m×m)	方框			主筋				钢筋用量/kg	混凝土用量/m^3
			尺寸(高×宽)/(m×m)	单位长度用量/bm^3	总量/kg	数量/个	杆件数量/根	单位长度用量/kg	总量/kg		
上部平台宽度											
杆件间距											

续表 6-2

杆件名称	杆件长度/m	截面（高×宽）/(m×m)	方框			主筋				钢筋用量/kg	混凝土用量/m³
			尺寸（高×宽）/(m×m)	单位长度用量/bm³	总量/kg	数量/个	杆件数量/根	单位长度用量/kg	总量/kg		
支杆											
叉杆											
主杆											
联杆											
联系杆											
顶杆											
支柱											
护坡											
合计											

如果用小加固每套钢筋、混凝土用量见表 6-3。

表 6-3　　小加固钢筋、混凝土用量表

杆件名称	杆件长度/m	截面（高×宽）/(m×m)	方框			主筋				钢筋用量/kg	混凝土用量/m³
			尺寸（高×宽）/(m×m)	单位长度用量/bm³	总量/kg	数量/个	杆件数量/根	单位长度用量/kg	总量/kg		
上部平台宽度											
杆件间距											
支杆											
主杆											
联系杆											
支柱											
护坡											
合计											

结论：用钢筋水泥杆件加固其经济价值是肯定的，更主要的是用加固件以后，采矿工程师们很容易知道边坡受力情况，在支撑件失稳之前撤出人员设备，对保证露天采煤机的工作安全起到巨大作用。

第六节 边帮预加固在其他方面的应用

边帮预加固是一种高大边坡的支护方法，而不是露天采煤机工作的专用方法。通过预加固增大边坡角，达到减少剥离岩石的目的，减少剥离岩石所节省的费用用于支护杆件的制作安装还有余额，在露天煤矿中，这个费用一般能达到 3∶1，即增大边坡角节省剥离费用若为 3，则制作安装支护杆件的费用只有 1。边帮预支护在所有高大边坡中都能广泛使用，这里我们主要论述在三方面的使用。

一、非煤矿山露天矿中的使用

很多非煤露天矿山其矿物的硬度大于露天采煤机适用硬度，目前的露天采煤机不能用于这些矿石的采掘工作。如铁矿，它的矿石硬度一般为 $f=10\sim15$，而露天采煤机能够切割的材料为 $f<6$。显然这样的露天采煤机是不能在铁矿中使用的，如果要用这种工艺，除非露天采煤机变为露天采矿机，它的切割能力有较大的提高。

目前露天采煤机因切割力小很少在非煤矿山中使用，但是它的边坡预加固方法可以在所有露天矿中使用，只要露天矿中存在高大边坡即可。使用边坡预加固后，采矿工程师们可以通过支护杆件的应变，很容易知晓边坡应力变化情况，作出相应对策，使采矿工程变得更加安全，就是采矿工人也能通过支撑杆件的某些杆件断裂得到报警。标准杆件断裂的次序应该是支杆—顶杆—联杆。由于制造误差的存在不一定按上述次序断裂，只要上述三个杆件之中有一个发生断裂，就是向工人发出报警信号，采矿工人不需要征得主管部门的许可，就可将设备、人员撤出危险地段，可以说给采矿工程增加一把安全锁。

对于矿石硬度 $f<6$ 的非煤矿物，也可使用露天采煤机对边帮压覆下的矿石进行回收，在非煤矿山中有很多矿物的硬度 $f<6$。

非煤矿山中支护杆件的安装制造与露天煤矿完全相同，也是分双侧加固、一侧加固和小加固三种，根据边坡的作用、形状不同相应采用。由于它和露天煤矿完全相同这里就不赘述了。

二、矿山疏干、排水工作

矿山疏干、排水常用的有两种方法。一是打井法，在矿山的迎水面，密集地分布很多排水井，当排水井的水位达到规定值开始抽水，将矿山迎水面流入矿坑的地下水抽出，而不使这部分地下水流入矿坑影响矿山生产。为配合这种疏干方法，地面上还要修挡水沟，挡住雨天地面上的流水。这种方法对地下水较少的矿山特别适用，它工期短、投资少。当地下水更少时，露天矿可以不预先疏干，将少量的地下水汇到矿底最低处，在最低处建成集水坑，采用强排方式将集水坑中的水排出矿外。当地下水很丰富时，这种方法达不到疏干效果，必须改用疏干巷道的方法。在矿山迎水面含水层处，修一条排水巷道，靠近矿山一侧用混凝土或黏土做成隔水层，另一侧用铁管道做成流水口，让地下水流入巷道中而不是矿山中。巷道中设有机房，将流入巷道中的地下水汇集后抽出。这种方法疏干效果好，但费用较高，施工期也长。如果矿山的含水层不止一层时，疏干巷道的修建费用就会成倍增长，因每条相距较远的含水层都要修建一条排水巷道。修建排水巷道还要考虑到顶部岩石的稳定性，如果稳定性较差，修建成本也会大幅增加。

下面提供一种疏干方法，我们称之为沟道法，就是在矿山的迎水面挖一条沟道，沟道深达到最下一层含水层的底部，沟道在矿山一侧用黏土等不透水材料做成隔水层，挡住从矿外流入矿山的地下水和地表水。排水沟设有机房，机房内安装抽水设备，当排水沟中水达到一定值时，抽水设备启动，将多余的水抽出，排往规定的流水道路。规定的流水道路修成人工河，人工河一般先用挖掘机挖出稍大一点的沟道，在沟道的底部和两侧铺上少量的黏土或其他隔水材料，人工河的下游要通过矿区到达自然河流。

修筑排水沟的费用其实是很低的，一个深度在 100 m 之内的排水沟，大部分费用可以用边帮采煤来抵消。我们详细计算过，如果边帮采煤机采出的煤层厚度在 2 m 以上，煤价为 150 元/t，沟道每一侧采深 200 m，露天采煤机采出的煤炭的价格远高于修建沟道所用费用。也就是说在上述条件下修建排水巷道，不但不花钱，还能赚钱。如内蒙古锡林郭勒盟白音华煤田，因疏干效果较差，边坡的岩石强度较低，稳定边坡角只有十几度。采用边坡预加固后杆件相距 22.5 m，沟深 96 m，通过 4 条含水层，加固后边坡稳定角度经计算可达 24°(未考虑疏干后角度提高)。如果没有边坡预加固技术，挖一条边坡角只有十几度、深 96 m 的排水沟其剥离工程量大得惊人。

疏干沟道一般在露天采矿境界内 200～400 m 设置，留出的煤量以备露天采煤机开采，采出煤炭可以抵消大部分掘沟工程量的费用，这样做是为了降低整个工程的造价，沟道的一端设机房用来抽出沟道内汇集的地下水和地表水。

在边帮预支护技术出现之后，很多疏干效果较差的露天矿区应该广泛采用沟道法，对尚未开发的矿区更是如此。疏干沟道和矿区相对位置见图 6-7。

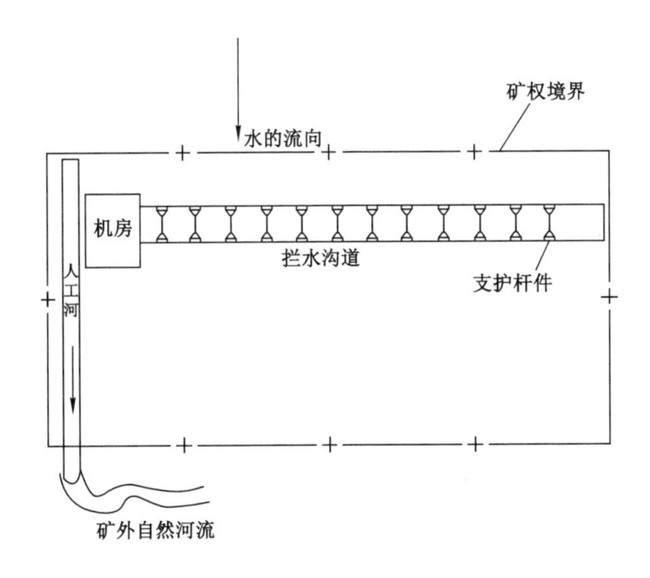

图 6-7　疏干沟道和矿区相对位置示意图

排水沟道支护的设计和施工与露天煤矿沟道相同，这里就不赘述了。

三、大型基建坑的挖掘

在大型建筑物的建设中，基建坑往往是很大很深的，其深度远超过岩石力学中所说的H90所确定的深度，挖掘这样深度的基坑，帮坡角度要小于90°。引用边坡预加固技术后，可以采用边坡预加固使边坡角变陡，减少基坑的挖掘量。

H90确定的深度是由于岩石中黏聚力的存在，即使边坡角度达到90°时，在一定高度范围内边坡也不会滑落，我们把能够达到90°边坡角而不垮落的最大深度值称为H90值。

第七章　露天采煤机工作中的选煤工作

露天采煤机作业必须跟随选煤作业，主要原因有三条：

(1) 煤层中含有矸石。

在露天开采过程中是从上到下分层开采的，当矸石层达到一定厚度时，通常是当矸石层的厚度达到0.5 m时，即划为一个分层开采，以保证商品煤中的含矸量较小。在露天采煤机工作中是无法将0.5 m厚的矸石分离出去的，它将和煤层一起通过胶带输送机运出煤洞，如果不将它挑出，商品煤的质量就无法保证。

(2) 露天采煤机工作中总要接触煤层顶板和底板。

为保证矿山的回采率和煤洞的形状，露天采煤机工作中不可避免地要采掘出一定数量的煤层顶板或底板，如果将这些矸石混入商品煤中，商品煤的质量就会大幅降低。

(3) 特殊煤种的特殊需要。

有些煤种有特殊需要，比如炼焦煤中的含硫量必须很低，而煤层中的含硫量往往高于炼焦的最低要求，这就要求在进行炼焦之前，先将煤炭中的含硫量降到规定的水平以下。在正常的露天矿生产中，要把煤先送往选煤厂，经水选后，再送往炼焦厂炼焦。如果焦煤的含硫量略高于炼焦用煤，经过人工选煤后可以达到炼焦用煤的含硫要求，就不必要再送往选煤厂。

人工选煤需要将煤炭变为细小的物流，通常露天开采是整铲装入车厢，整车卸往煤场，没有形成细小物流，人工选煤是无法进行的。改用露天采煤机采煤后，煤炭要经过胶带输送机运出煤洞，在煤洞外经胶带输送机运输到运煤车辆或煤堆，这个过程已经将煤炭变为细小物流(胶带输送机运输)，使人工选煤变为可能。

露天采煤机采煤根据煤层中矸石含量可有三种方式进行选煤：

(1) 人工选煤＋胶带输送机断流器。

(2) 人工选煤＋胶带输送机断流器＋1/5水选。

(3) 人工选煤＋胶带输送机断流器＋全部水选。

以下分节论述。

第一节　人工选煤＋胶带输送机断流器

一、人工选煤的地点

人工选煤的地点为煤洞外装车以前。通常情况下，原煤在通过洞内胶带输送机运出煤洞装车之前，先经过一节顺向胶带机，顺向胶带机指的是胶带的走向与台阶的走向相同的一节，再经过一段升高胶带，直接卸在运煤车辆上。人工选煤地点就设在顺向胶带机两侧。一般情况下顺向胶带机长度为 18 m，两侧坐满人将有 40 个工作位置，而通常情况下人工选煤最多有 10 名选煤工，工作位置能够满足选煤工位置的要求。

二、胶带输送机断流器工作条件

胶带输送机断流器安装在顺向胶带机上，靠近煤洞运输胶带一侧。当采煤机切割顶底板或切割煤层夹矸层时，会在运输胶带上形成一条矸石链，当矸石链运出煤洞时，在进入顺向胶带机之前可通过断流器将该矸石链卸往地面丢掉，而不让它进入顺向胶带机。这在技术上存在着两个问题：一是在接入胶带输送机断流器时，用不用停机？刚开始时，选煤工对断流器掌握不熟练，无法恰好接入断流器，这时需要停机，接好断流器后再开机，当选煤工熟练掌握断流器以后，可以不停机。二是在矸石链的两端形成煤炭和矸石混合的状态，矸石占总量多大比例时开始接入断流器？我们暂时规定矸石所占比例达 30%即接入断流器，顺向胶带机外面的煤炭通过人工选煤从地下（或矸石堆）拣出，顺向胶带机内部的矸石也由选煤工人拣出。

矸石占整个胶带内煤流的比例是由人工选煤能力及后续措施决定的，人工选煤能力强，可缓用断流器，后续选煤能力强，也可缓用断流器，这是一个逐渐摸索的过程，30%只是笔者提供的一种参考，最终多少要由人工选煤能力来决定。

三、选煤工人的其他工作

选煤工人主要是接卸胶带机的工人，这些工人在接卸胶带机之外的时间负责露天采煤机的人工选煤工作，除一人操作采煤机以外，其余人全部也是选煤工人。为调动选煤工人的劳动热情，矿方可以回收煤层废石中的有用矿物（煤层中广泛存在的硫化铁，如硫化亚铁、二硫化亚铁、三硫化二铁等），回收的价格，可考虑每吨 50～100 元。回收选煤工人的硫化铁，一般不是以个人名义计算，而是以小组计算，结算时只记操作工一人的名字。

四、人工选煤经济合理性分析

人工选煤在过去各选煤厂广泛使用，现在已很少使用，其主要原因为选煤工人的工资大幅提高，使得人工选煤在经济上不是很合理。在露天采煤机工作中选煤是不可避免的，人工选煤是否经济上非常不合理呢？现通过下列分析给出答案。

1. 最小选出矸石量的确定

假设选出 1%的矸石，煤的售价提高 3%，每选出 v 的矸石煤的售价升高约为 $2pv$，这里 p 为煤的售价，v 为选出的矸石量。选出矸石 v 后，总质量将降低，节省各种税费为 va，这里 a 为单位质量煤的各种税费。由于矸石选出煤炭中的含硫率也会降低，每降低 1‰煤价提高 5 元，共有 n 个工人参与选煤。选出的矸石往往和煤黏在一起，如果按选出物中含煤 b 计算，选煤工人的日工资为 c，则有：

$$c = 2p \cdot v + v \cdot a + \frac{5s}{n} - b \cdot p \cdot v$$

$$v = \left(c - \frac{5s}{n}\right) \Big/ (2p - b \cdot p + a)$$

式中 v——每个选煤工人最少选出的矸石量，t；

c——选煤工人的日工资，元/d；

n——参与选煤的工人数；

s——商品煤硫的降低量，‰；

p——煤的售价，元/t；

a——单位煤炭税费总和，元。

2. 举例

鄂尔多斯市某煤矿选煤工的工资为 110 元/d，每台采煤机共有 4 人参与人工选煤，选后煤中硫降低 2‰，煤的售价为 220 元/t，每吨税费为 60 元，则：

$$v=(110-5\times 2\div 4)\div(2\times 220-30\%\times 220+60)=0.247\ 7\ (\mathrm{t})$$

3. 最小选出矸石量的分析

通过上述计算可知，鄂尔多斯某煤矿每增加一名选煤工人，选出的矸石量增加 0.247 7 t 以上，煤矿人工选煤工作就合适，否则，选煤工资增加大于工人劳动成果，煤矿就不合算。

胶带输送机断流器详见专利 2017210050843。

摘　　要

本实用新型公开了一种胶带输送机断流器，包括上节皮带面 1、上节皮带滚筒 2、胶带输送机断流器放置孔 5、下节胶带 6、工字钢上面断流器腿孔 9、胶带输送机断流器腿 10。其特征在于：所述上节皮带面 1 套装在上节皮带滚筒 2 的滚筒上，在上节皮带滚筒 2 的一侧面的正下方安装着下节胶带 6；所述下节胶带 6 的正下方安装着下节胶带支撑滚筒 7，在下节胶带支撑滚筒 7 的两侧对称安装着两个下节胶带支撑架工字钢 8；所述胶带输送机断流器腿 10 斜安插在工字钢上面断流器腿孔 9 中，而胶带输送机断流器腿 10 的上顶端固定安装着胶带输送机断流器主体 4，并且胶带输送机断流器主体 4 倾斜安装在上节皮带滚筒 2 的侧面；本实用新型实现了断流，使商品煤的含矸率大幅下降，同时工人的数量减少，也减少了成本，同时缩短了选煤的时间。

权利要求

1. 一种胶带输送机断流器，包括上节皮带面 1、上节皮带滚筒 2、胶带输送机断流器放置孔 5、下节胶带 6、工字钢上面断流器腿孔 9、胶带输送机断流器腿 10。其特征在于：所述上节皮带面 1 套装在上节皮带滚筒 2 的滚筒上，在上节皮带滚筒 2 的一侧面的正下方安装着下节胶带 6；所述下节胶带 6 的正下方安装着下节胶带支撑滚筒 7，并且下节胶带支撑滚筒 7 与下节胶带 6 形成一定的弧度，而下节胶带支撑滚筒 7 通过轴承安装在机架上，在下节胶带支撑滚筒 7 的两侧对称安装着两个下节胶带支撑架工字钢 8；所述胶带输送机断流器腿 10 斜安插在工字钢上面断流器腿孔 9 中，其中胶带输送机断流器腿 10 的下顶端穿过工字钢上面断流器腿孔 9，并与下节胶带支撑架工字钢 8 的竖板接触，而胶带输送机断流器腿 10 的上顶端固定安装着胶带输送机支撑架，而胶带输送机支撑架安装着胶带输送机断流器主体 4，并且胶带输送机断流器主体 4 倾斜安装在上节皮带滚筒 2 的侧面，而胶带输送机断流器主体 4 的下部与另一个下节胶带支撑架工字钢 8 的上顶面相接触。

2. 根据权利要求 1 所述的一种胶带输送机断流器，其特征是：所述上节皮带面 1 的上顶面盛放着物料 3。

3. 根据权利要求 1 所述的一种胶带输送机断流器，其特征是：所述下节胶带支撑滚筒 7 和上节皮带滚筒 2 之间的下节胶带支撑架工字钢 8 的上横板设有四个通孔，并且四个通孔相互对称，在下节胶带支撑架工字钢 8 上横板左侧的通孔为工字钢上面断流器腿孔 9，则右侧的通孔为胶带输送机断流器放置孔 5。

一种胶带输送机断流器

技术领域

[0001] 本实用新型涉及人工选煤的工具，特别涉及一种胶带输送机断流器。

背景技术

[0002] 人工选煤是人在胶带输送机旁，煤炭流从人的眼前流过，选煤工人将煤炭流中的矸石挑出，放到指定地点，当煤炭和矸石的混合流中矸石的比例较大时，人工选煤无法将大部矸石挑出，这时需要一种设备使胶带中的混合流不流到下一节胶带中去，而流到其他地方，这种设备叫胶带输送机断流器。

胶带输送机断流器是人工选煤的重要工具。在人工选煤中，人通常站在胶带输送机旁，人工挑出胶带机中的矸石，这种作业方式虽然已经过时，但在边帮采煤机工作过程中是非常重要的。为防止采煤洞出现冒顶现象，煤洞断面往往是拱形断面，而不是煤层顶板的形状，在不丢煤的情况下，往往要采掘一部分岩石，这部分岩石和煤炭一起进入胶带输送机中，使原煤的含矸率大幅提高，为了使含矸率降低，人工选煤是必须采用的。当混合流中矸石的含量超过 30%时，人工选煤无法将矸石完全挑出，如果这部分煤炭进入商品煤中，将使商品煤的含矸率大幅上升，同时工人的数量增加，增加了成本，同时选煤的时间增加。

发明内容

[0003] 本实用新型的目的在于提供一种胶带输送机断流器，当混合流中矸石的含量超过 30%时，实现断流，使商品煤的含矸率大幅下降，同时工人的数量减少，也减少了成本，同时缩短了选煤的时间。

[0004] 一种胶带输送机断流器，包括上节皮带面 1、上节皮带滚筒 2、胶带输送机断流器放置孔 5、下节胶带 6、工字钢上面断流器腿孔 9、胶带输送机断流器腿 10。其特征在于：所述上节皮带面 1 套装在上节皮带滚筒 2 的滚筒上，在上节皮带滚筒 2 的一侧面的正下方安装着下节胶带 6；所述下节胶带 6 的正下方安装着下节胶带支撑滚筒 7，并且下节胶带支撑滚筒 7 与下节胶带 6 形成一定的弧度，而下节胶带支撑滚筒 7 通过轴承安装在机架上，在下节胶带支撑滚筒 7 的两侧对称安装着两个下节胶带支撑架工字钢 8；所述胶带输送机断流器腿 10 斜安插在工字钢上面断流器腿孔 9 中，其中胶带输送机断流器腿 10 的下顶端穿过工字钢上面断流器腿孔 9，并与下节胶带支撑架工字钢 8 的竖板接触，而胶带输送机断流器腿 10 的上顶端固定安装着胶带输送机支撑架，而胶带输送机支撑架安装着胶带输送机断流器主体 4，并且胶带输送机断流器主体 4 倾斜安装在上节皮带滚筒 2 的侧面，而胶带输送机断流器主体 4 的下部与另一个下节胶带支撑架工字钢 8 的上顶面相接触。

[0005] 当物料 3 中矸石的含量小于 30%时，可以将胶带输送机断流器拿下，也可以将胶带输送机断流器主体 4 拿下，而物料 3 随着上节皮带面 1 的运动，流到下节胶带 6

上，再随着下节胶带6的运动，流到指定的位置；当物料3中矸石的含量大于30%时，通过工字钢上面断流器腿孔9，将胶带输送机断流器安装在上节皮带滚筒2的侧面，而物料3随着上节皮带面1的运动，流到胶带输送机断流器主体4上，再随着胶带输送机断流器主体4流到指定位置；当胶带输送机断流器底部的倾角小于物料3自动下流所需倾角时，胶带输送机断流器需要外力辅助下流，这个外力可以是机械的也可以是人力的。

[0006] 进一步，所述上节皮带面1的上顶面盛放着物料3。

[0007] 进一步，所述下节胶带支撑滚筒7和上节皮带滚筒2之间的下节胶带支撑架工字钢8的上横板设有四个通孔，并且四个通孔相互对称，在下节胶带支撑架工字钢8上横板左侧的通孔为工字钢上面断流器腿孔9，则右侧的通孔为胶带输送机断流器放置孔5。

[0008] 本实用新型的有益效果在于：该装置利用胶带输送机断流器主体4和胶带输送机断流器的取放，从而实现了断流，使商品煤的含矸率大幅下降；该装置利用工字钢上面断流器腿孔9，方便胶带输送机断流器的安装和使用，同时也使选煤的工人的数量减少，也减少了成本，同时缩短了选煤的时间。

附图说明

[0009] 图1为本实用新型的主视图。

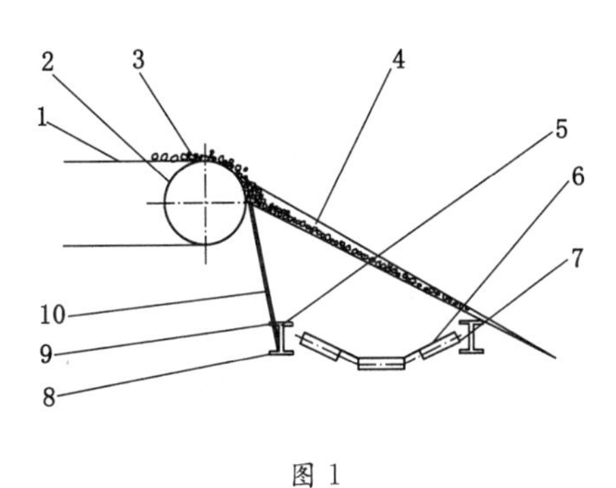

图1

[0010] 图2为本实用新型的左视图。

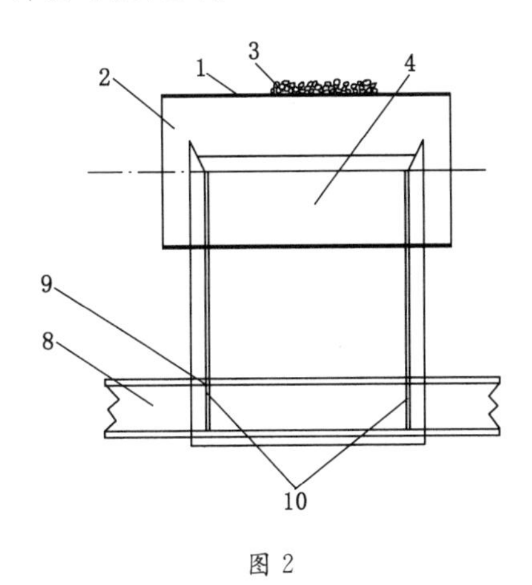

图2

[0011] 图 3 为本实用新型的俯视图。

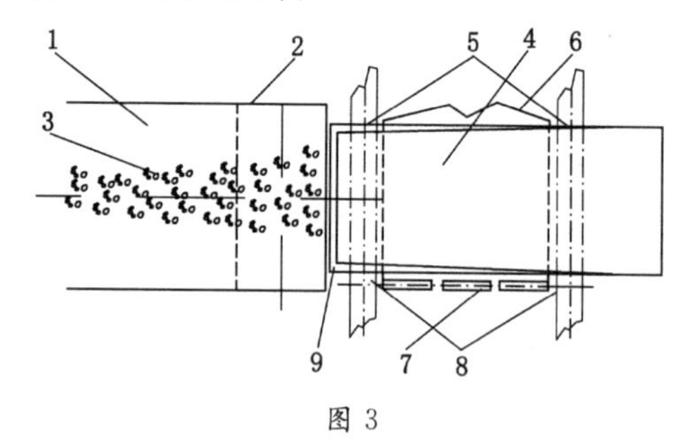

图 3

[0012] 图中，上节皮带面 1、上节皮带滚筒 2、物料 3、胶带输送机断流器主体 4、胶带输送机断流器放置孔 5、下节胶带 6、下节胶带支撑滚筒 7、下节胶带支撑架工字钢 8、工字钢上面断流器腿孔 9、胶带输送机断流器腿 10。

具体实施方式

[0013] 以下为本实用新型的较佳实施方式，但并不因此而限定本实用新型的保护范围。

[0014] 如图所示，一种胶带输送机断流器，包括上节皮带面 1、上节皮带滚筒 2、物料 3、胶带输送机断流器主体 4、胶带输送机断流器放置孔 5、下节胶带 6、下节胶带支撑滚筒 7、下节胶带支撑架工字钢 8、工字钢上面断流器腿孔 9、胶带输送机断流器腿 10。其特征在于：所述上节皮带面 1 套装在上节皮带滚筒 2 的滚筒上，在上节皮带面 1 的上顶面盛放在物料 3，在上节皮带滚筒 2 的一侧面的正下方安装着下节胶带 6；所述下节胶带 6 的正下方安装着下节胶带支撑滚筒 7，并且下节胶带支撑滚筒 7 与下节胶带 6 形成一定的弧度，而下节胶带支撑滚筒 7 通过轴承安装在机架上，在下节胶带支撑滚筒 7 的两侧对称安装着两个下节胶带支撑架工字钢 8，并且位于下节胶带支撑滚筒 7 和上节皮带滚筒 2 之间的下节胶带支撑架工字钢 8 的上横板设有四个通孔，并且四个通孔相互对称，在下节胶带支撑架工字钢 8 上横板左侧的通孔为工字钢上面断流器腿孔 9，则右侧的通孔为胶带输送机断流器放置孔 5；所述胶带输送机断流器腿 10 斜安插在工字钢上面断流器腿孔 9 中，其中胶带输送机断流器腿 10 的下顶端穿过工字钢上面断流器腿孔 9，并与下节胶带支撑架工字钢 8 的竖板接触，而胶带输送机断流器腿 10 的上顶端固定安装着胶带输送机支撑架，而胶带输送机支撑架安装着胶带输送机断流器主体 4，并且胶带输送机断流器主体 4 倾斜安装在上节皮带滚筒 2 的侧面，而胶带输送机断流器主体 4 的下部与另一个下节胶带支撑架工字钢 8 的上顶面相接触。

[0015] 当物料 3 中矸石的含量小于 30%时，可以将胶带输送机断流器拿下，也可以将胶带输送机断流器主体 4 拿下，而物料 3 随着上节皮带面 1 的运动，流到下节胶带 6 上，再随着下节胶带 6 的运动，流到指定的位置；当物料 3 中矸石的含量大于 30%时，通过工字钢上面断流器腿孔 9，将胶带输送机断流器安装在上节皮带滚筒 2 的侧面，而物料 3 随着上节皮带面 1 的运动，流到胶带输送机断流器主体 4 上，再随着胶带输送机断流器主体 4 流到指定位置；当胶带输送机断流器底部的倾角小于物料 3 自动下流所需倾角时，胶带输送机断流器需要外力辅助下流，这个外力可以是机械的也可以是人力的。

[0016] 本实用新型设计了一种胶带输送机断流器，该装置利用胶带输送机断流器主

体4和胶带输送机断流器的取放，从而实现了断流，使商品煤的含矸率大幅下降；该装置利用工字钢上面断流器腿孔9，方便胶带输送机断流器的安装和使用，同时也使选煤的工人的数量减少；也减少了成本，同时缩短了选煤的时间。

[0017] 以上仅是本实用新型的优选实施方式，应当指出，对于本技术领域的普通技术人员来说，在不脱离本实用新型技术原理的前提下，还可以做出若干改进和润饰，这些改进和润饰也应视为本实用新型的保护范围。

第二节　人工选煤＋胶带输送机断流器＋1/5水选

如果人工选煤不能满足商品煤的需要，如矸石的颗粒太小或矸石很难辨认，露天采煤机后面跟移动式选煤机，通过移动式选煤机选煤之后达到商品煤的要求。

移动式选煤机采用跳汰式选煤机，将跳汰式选煤机安装在大型汽车上，一台车上装两套跳汰式选煤机，跳汰式选煤机的水池用两个水槽代替，整个跳汰选煤系统空载时其质量不超过40 t，一辆大型汽车完全可以拉走。目前单套跳汰式选煤机的能力只有200 t/d，一套移动式选煤机的能力也仅为400 t/d，这与露天采煤机的生产能力是不相匹配的，露天采煤机采出的煤只有1/4～1/5配移动式选煤机。移动式选煤机的结构详见图7-1。

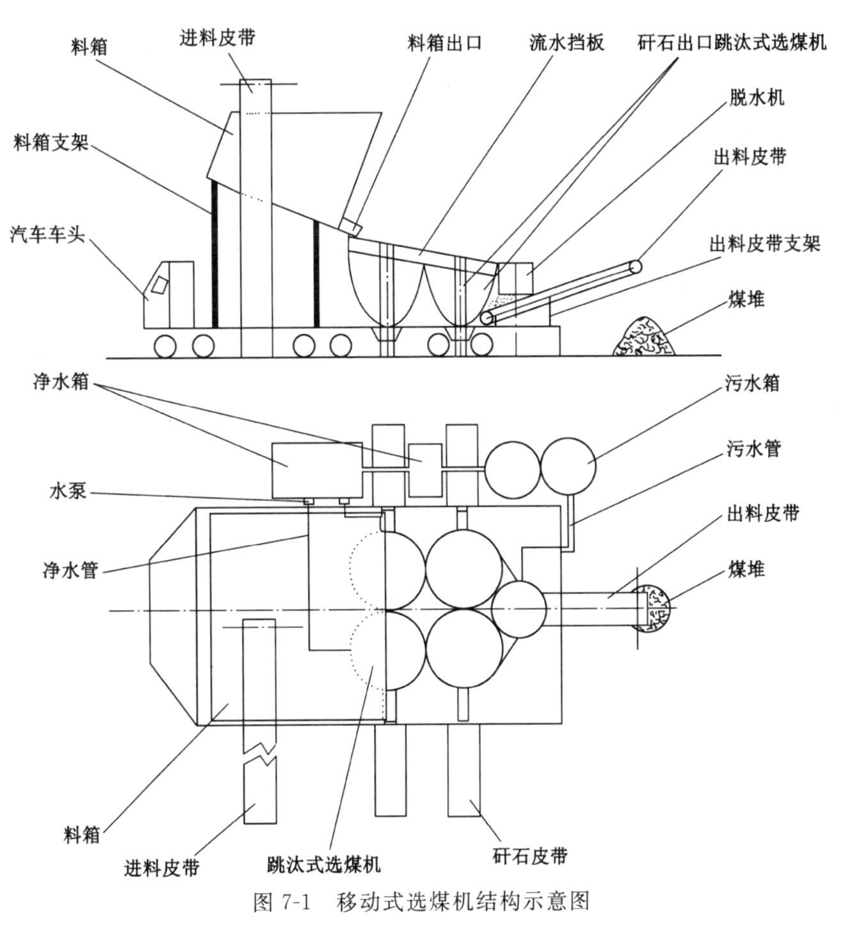

图7-1　移动式选煤机结构示意图

一、移动式选煤机接煤量

露天采煤机采出的煤只有 1/4～1/5 配移动式选煤机，能够部分满足商品煤的需要。在人工选煤胶带机之后加一台横着的胶带输送机，这台输送机只接收胶带输送机运量的下部的 1/5 的煤量，因这部分煤量矸石率较高，其主要原因如下：

(1) 经过人工选煤之后其上部及表面的矸石大部分已被工人选出，只有下部的矸石人工选煤照顾不到，存在含矸率偏大的可能性。

(2) 煤层中的矸石的比重比煤炭大，经过露天采煤机多次胶带转换，矸石要比煤炭先掉入下节胶带，所以胶带的下部存在矸石的可能性要比上部大，下部 1/5 煤量的含矸率应当大于平均含矸率。

怎样取出煤流中下部 1/5 煤炭呢？详见图 7-2。来料从上部胶带机输送经接料器接出 1/5 后，接料器通过接料器挂带固定在上部胶带机支架上。挂带是可以前后移动的，如果挂带向后移动，接料器接到的物料就少，如果挂带向前移动，接料器接到的物料就多。接料器安装时有 35°倾角，接料器接到的物料可以沿接料器内壁向下滑动。接料器是半圆环钢板制成的器皿。接料器接到的物料经移动选煤机供料胶带将煤炭送往移动式选矿机的料箱，其余煤炭(约 4/5)经下部胶带运走。

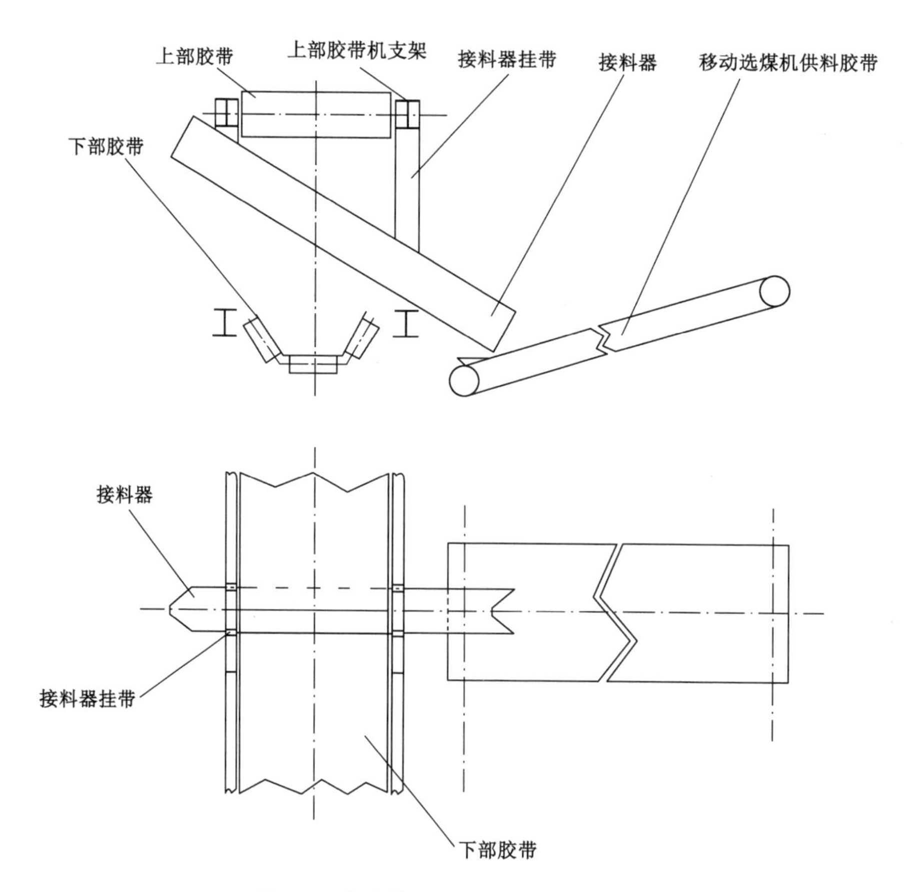

图 7-2　从胶带机下部取 1/5 煤炭示意图

二、移动选煤机特点

移动式选煤机在工作面工作，同采煤机一起移动工作位置，移动式选煤机其选煤成本也小于固定式选煤机，主要表现在以下几个方面：

(1) 减少煤炭装、运、卸成本。固定式选煤机总是要远离采场的，采场采出的煤炭要经过采装、运输、卸矿等环节后才能到达选煤厂，这个费用主要由采场到固定式选煤厂的距离来决定，一般都在 2 km 以上，采用移动式选煤机节省了这个过程。

(2) 煤场的装载、运输费用。固定式选煤机要将煤炭均匀地运到上煤胶带，必须在胶带的顶端设有一个漏斗，用装载机将煤堆中的煤炭装运到漏斗中，随着胶带转动漏斗中的煤炭均匀地落在胶带上。用装载机将煤炭运装入漏斗中是需要费用的，差不多 1 元/t。

(3) 煤炭的破碎费用。并不是所有的煤炭块度都符合选煤机的要求，要将大的煤块破碎后，才能进入选煤机，一般情况下，这个过程是煤炭在胶带运输过程中进行的，也就是说在胶带输送机中安装一台破碎机，将煤炭破碎，这个过程需要破碎费用 1 元/t。露天采煤机采出的煤炭都满足选煤机的块度要求，不需要预先破碎。

(4) 矸石的打捞费用。固定式选煤机要将选出的岩石和废水，一起放到废水池中，必须用人工将废水池中的矸石打捞出来，打捞费用约为 10 元/t，每吨原煤按矸石产生率 10%计算，打捞费用约为原煤 1 元/t。移动式选煤没有这项支出，矸石和废水一并扔掉。

(5) 矸石回运费用。打捞出来的矸石长时间堆在废水池边上，会将废水池堆满，必须将这些矸石运回排土场，回运的费用包括矸石的装车费用、汽车的运输费用、矸石的排弃费用。这个费用约为 8 元/t，相当于原煤 0.8 元/t。移动式选煤本身就在排土场进行，没有这个费用。

综上所述，固定选煤要比移动式选煤多花费 8～11 元/t。

当然移动式选煤也有很多缺点，比如选煤效果没有固定选煤效果好、废水处理也没有固定式选煤效果好等。

三、移动式选煤的其他应用

移动式选矿可用在露天采煤机作业上，也可以用在其他场合，如从电厂煤灰中选取有用矿物。

火力发电是将煤炭粉碎后喷入炉膛中燃烧，将水变成水蒸气，水蒸气推动机器发电。煤炭中的非金属元素，在燃烧中变为气体，成为污染物散落在空气中；煤炭中的金属元素一般是不能气化的，它将进入煤灰中，同煤灰一起排弃掉，煤灰中所包含的金属元素的种类和多少，与煤炭中含该种元素的种类和多少有关，主要有铁、铜、锌、锗、银、金等。

煤炭燃烧过程本身就是矿物集聚过程，1 t 煤炭燃烧后产生的煤灰只有 0.2～0.3 t，也就是说，通过煤炭燃烧，有用矿物在煤灰中的含量是在煤炭中含量的 3～5 倍，很多时候，有用矿物在煤炭中的含量达不到可利用级别，但在煤灰中特别是各种金属的综合含量，就可以达到可利用级别，很多金属的氧化物如 Fe_2O_3、CuO 等，它们的比重远大于煤灰的比重，通过跳汰选矿法是完全可以选出的。

火电厂排弃炉灰的过程类似于露天矿排土的过程，它的工作面是不停移动的，如果选用固定式选矿厂，厂外的运距会很大，且经常变动，这给选矿厂的运作带来很大的麻烦，以至于选矿厂产生的效益不能抵消增加运距的费用，使这个项目变得无意义。如果采用移动式选矿设备，排弃工作面走到哪里，移动选矿设备就移动到哪里，不增加任何费用，这项工作就可以进行。

第三节　人工选煤＋胶带输送机断流器＋全部水选

如果露天采煤机开采出来的煤炭经人工选煤后仍不能满足商品煤的需要，需要水选后才能满足要求，或者该矿本身有选煤厂，露天矿采煤机采出的煤炭也可以全部水选，露天矿采煤机的出口直接将煤炭装入汽车，运往选矿厂选矿，这样的选矿厂可以是跳汰的也可以是重介的，关于选矿厂内部各种机械设备的布置，是学选矿的朋友的研究课题，这里不再赘述。

第八章　煤层中选出物的综合利用

煤层中硫的含量是一项非常重要的指标，硫的含量过大，燃烧后产生的污染就很大，国家规定含硫量超过1%的煤炭就不能直接燃烧，含硫量3%以上的煤炭就不允许开采或不当作煤炭处理。煤炭中的硫大多是以硫化铁的形式存在，它有三种基本形式，即硫化亚铁(FeS)、二硫化亚铁(FeS_2)、三硫化二铁(Fe_2S_3)。这三种形式从颜色和比重上与煤炭相去甚远，人们轻易就能将其分辨，如FeS的比重为4.84 g/cm^3，FeS_2的比重为5.00 g/cm^3，Fe_2S_3的比重为4.30 g/cm^3，而煤炭的视比重约为1.3 g/cm^3，选矿者很容易从煤炭中选出硫化铁。

第一节　为增加选矿工人的积极性而回收硫化铁

露天采煤机的选矿工人常与接卸胶带工人为同一批工人，在需要接卸胶带时，他们从事接卸胶带的工作，在正常煤层掘进时，他们从事选煤工作。这样的工作性质，容易使选煤工产生不正确的想法，认为接卸胶带才是他们的本职工作，而把选煤当作兼职工作，为了提高选煤工的工作积极性，必须采用回收部分煤层选出物的方法。这里将部分煤层回收物定义为硫化铁，回收价格根据煤层的具体情况而定，可以是100元/t，也可以是50元/t。

根据选煤工的工作性质，选出物的多少主要是由煤层的性质决定，而不是由工人的积极性决定，对于含有矸石较多的煤层，选出物必然要较多，反之则较少。为提高选煤工人工作的积极性，就必须采用回收硫化铁的方法。

回收硫化铁要注意以下四个问题。

1. 回收物的登记

回收的硫化铁应以露天矿采煤机某班的名义登记，而不以选煤工人个人的名义登记，这样做主要有两点考虑：

(1) 减少计量登记工作量。一个小组有3～9人，除班长一人负责设备操作外，其余都为选煤工，如果按选煤工个人名义登记，就需要计量登记2～8人的名字，如果按组登记，只需要计量登记1人名字即可。当然，如此登记也存在着小部分“大锅饭”的现象，但一个人管理2～7个工人还是照顾过来的。

(2) 有利于提高操作人员的积极性，使分配更合理。从露天矿采煤机现有量的操作过程来看，现有量很少，要有一个数量上的大暴发的过程，操作工人数量要迅速地增加，这就需要从选煤工人向操作工人转化，如果以选煤工个人名义登记，会出现选煤工的实际收入高于操作工的现象(选煤工的收入＝工资＋回收硫化铁提成)，不利于选煤工向操作工的转化。

2. 质量保证

质量保证是指回收硫化铁的矿石要一定的量是硫化铁，而不是其他废石，这就需要提炼厂的同志认真及时工作，尽快将硫化铁矿石提纯成硫化铁精粉，使矿主所花的收购硫化铁的钱产生效益。如果出现收购硫化铁的钱很多，而实际提炼的硫化铁精粉的量很少的情况，除了提炼厂浪费（回收率降低）以外，主要是收购的原矿质量出了问题，提炼厂负责收购的同志要紧把质量关，必要时可以拒收某些有严重质量问题的原矿。

3. 硫化铁原矿的运输

从工作面工人捡出的硫化铁运到提炼厂，往往需要经过矿山计量站，硫化铁本身是黑色的，再加上它们往往黏上煤炭，肉眼很难区分，计量站的值班人员往往不同意将这部分矿石运出，这就需要押运人员同值班人员详细解释，使值班人员用手摸确定它们不是煤炭，同时在签订合同时也要明确说明。

4. 硫化铁的提炼厂要与露天采煤机同时生产

矿山硫化铁提炼厂本身是为人工回收硫化铁矿石找销路的，硫化铁原矿一般是卖不出去的，必须提纯成硫化铁精粉才能出售，矿山的销售科卖煤很在行，销售硫化铁却是外行，需要一段时间磨合，甚至改变产品的包装、品位等。提炼厂与采煤机同时工作需要经费较大，提炼厂的建设费用同采煤机的购买费用相差不大，需要决策者都认真对待。

第二节　为硫化铁工厂提供原料而进行硫化铁回收

硫化铁回收后经过加工可变成有用矿物，硫化铁的加工图见图 8-1。

正常的硫化铁矿石是由矿山开采的，硫铁矿山专门生产硫化铁矿石，边界品位在30%左右，硫化铁矿石要经过提纯才能达到规定的品位。硫化铁矿石一般不能直接销售，要将硫化铁矿石变成高精度粉末，经过提纯、包装之后才能销售，目前因品味和纯度等因素不同，硫化铁成品的价格相差很大，一般在 1 000～3 000 元/t 之间。

硫化铁矿石是制造硫酸的主要材料，其残渣也是制造钢铁的良好材料，怎样用硫化铁制造硫酸和钢铁是冶炼专业朋友研究的课题，有着成熟的技术，这里不再赘述了。

第三节　从煤层废物中提取硫化铁经济可行性分析

从图 8-1 中可知，从煤层废物中提取硫化铁主要经过以下几个步骤。

1. 上料

要把汽车卸下来的硫化铁原矿送到料箱之中，这个过程是用装载机来实现的。装载机采用 ZL-50 型，新机目前售价 32 万元，成本约为 1.5 元/t，用量 1 台。

2. 棒磨机

型号为 404 dd，售价为 66 万元，功率 50 kW，处理能力 200 t/d，外形尺寸 120 cm×230 cm×250 cm，生产成本 20～35 元/t，用量 1 台。

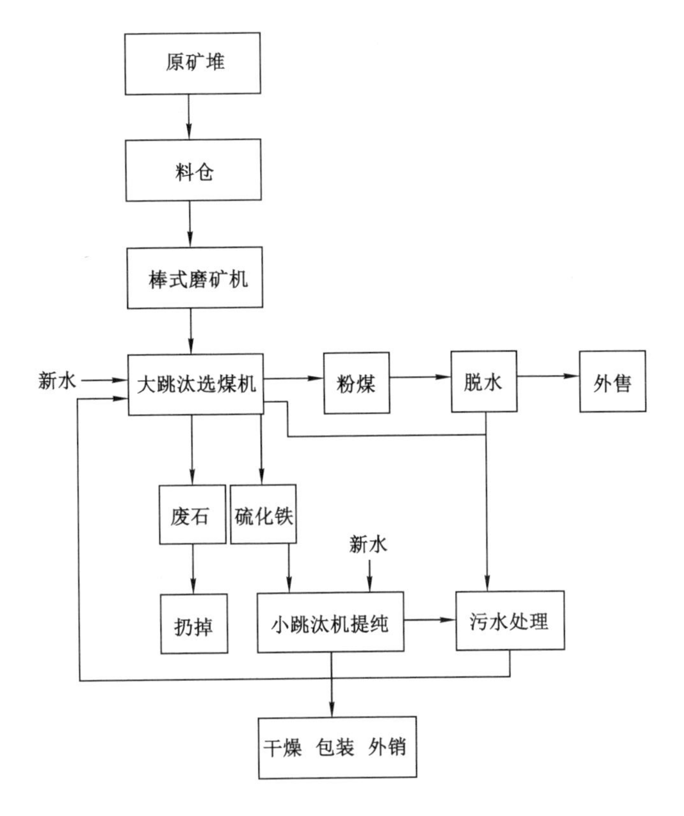

图 8-1　硫化铁加工工艺框图

3. 跳汰式选矿机

型号 2LTC-6109/8T，售价 8.5 万元，功率 1.5×4 kW，处理能力 20～30 t/h，成本 5～10 元/t，用量 1 台。

跳汰式选矿机的主要作用是按照不同的容重将物料分开，此处只需将物料分为 3 个等级：各种硫化铁，比重大于 4.15 g/cm^3；各种废物，比重为 1.5～4.15 g/cm^3；煤炭，比重小于 1.5 g/cm^3。废物脱水后直接扔掉，硫化铁和煤进一步加工。

4. 跳汰式精选机

从跳汰选矿机选出的硫化铁，其纯度往往满足不了要求，需进一步精选、提纯，本书使用 AM30 精选机来实现。AM30 售价 4.6 万元，功率 3 kW，处理能力 10～15 t/h，成本 5～10元/t，用量 1 台。

5. 污水处理设备

选矿机所用的水，80％来自污水处理，20％来自新水补充。污水处理设备采用地埋式，型号为 GLWSZ-40 型，价格 18 万元，功率 2.7 kW，处理量 40 m^3/h，成本 0.4 元/m^3。新水约为 0.6 元/m^3。

6. 其他费用

硫化铁精粉烘干、包装、销售等其他费用为 5～20 元/t，煤炭的其他费用为 10～25 元/t。

7. 材料费

材料费原矿按 100～120 元/t。

8. 销售价格

销售价格硫化铁精粉为 1 000～3 000 元/t,煤炭为 180～500 元/t。煤层中的硫化铁往往和煤炭混合在一起,在选出硫化铁的同时也将煤炭选出,硫化铁产出率为 20%～40%,煤炭产出率为 15%～35%。

[例] 鄂尔多斯某矿综合利用硫化铁加工厂,年处理硫化铁原矿 3 万 t,硫化铁精粉产出率为 23%,硫化铁精粉售价为 1 500 元/t,煤炭的产出率为 26%,售价为 220 元/t。该厂共有设备 5 台,ZL-50 装载机 1 台(包括料箱),新机购价 32 万元,上料平均成本 1.5 元/t;棒磨机 1 台,新机购价为 66 万元,平均成本 28 元/t;大型跳汰机 1 台,新机购价 8.5 万元,成本 8 元/t;小型跳汰机 1 台,新机购价 4.6 万元,成本 6 元/t;污水处理设备 1 套,新机购价 18 万元,污水处理成本 0.4 元/m^3,新水 0.6 元/m^3,平均用水成本折合成原矿 1.32元/t;修理费按 8 元/t 计算;其他费用按 11.5 元/t 计算。厂房 30 万元,折旧按 10 年计算,每年折旧费 3 万元;供电投入共计 90 万元,每年折旧 9 万元。该厂职工总数为 16 人,年工资(包括工资附加费)8 万元/人。硫化铁原矿的回收价格 120 元/t。水池基础等费用合计为 60 万元,折旧为 2 元/(a·t)。试对该厂进行经济分析。

(1) 销售收入

① 硫化铁精粉:3.00×23%×1 500=1 035.00 万元

② 煤炭:3.00×26%×220=171.6 万元

合计:1 206.6 万元

(2) 投资

上料设备投资:32 万元

棒磨机投资:66 万元

大型跳汰机投资:8.5 万元

小型跳汰机投资:4.6 万元

污水处理设备投资:18 万元

供电投资:90 万元

厂房投资:30 万元

水池基础等混凝土构筑物投资:60 万元

合计:309.1 万元

投资预备费按 8%计算为:309.1×8%=24.728 万元

流动资金包括垫底资金按两月费用计算为:685.11÷12×2=114.185 万元

总计:448.013 万元

(3) 成本

材料费:120 元/t

工资:16×8=128 万元,合 42.67 元/t

上料成本:1.5 元/t

棒磨机成本:28 元/t

大型跳汰机成本:8 元/t

小型跳汰机成本:6×23%=1.38 元/t

水费:1.32 元/t

修理费:8 元/t

其他费用:11.5 元/t

供电和房屋折旧费:4 元/t

水池基础等折旧费:2 元/t

合计:228.37 元/t

年成本费用合计:228.37×3.00=685.11 万元

(4) 财务分析

① 盈利分析:

年盈利:1 206.6−685.11=521.49 万元

税后盈利(企业所得税率按 33%计算):521.49×(1−33%)=349.40 万元

② 投资回收期:685.11÷521.49=1.32 a

考虑所得税后投资回收期:685.11÷349.40=1.96 a

③ 收益率:

按 10%收益率计算第一年净现值:349.40−685.11×10%=280.89 万元

第一年内部收益率为:349.40÷685.11=51%

④ 税费:

所得税率按 33%计算,所得税为:521.49×33%=172.09 万元

综上所述,该选矿厂效益很好。

第九章　露天采煤机事故救援

在露天矿采煤工艺实施过程中，可能发生一些安全事故，不论是什么原因，使机头无法工作或无法退回即视为发生安全事故。机头无法工作或不能退回的原因有以下几种：

（1）机头断电。

（2）机头的行走装置发生故障。

（3）煤洞出现冒顶或底鼓事故，使机头无法正常工作，或回退的道路上产生严重障碍，机头无法退回。

（4）发生边帮滑坡现象，使原来的退回煤洞发生严重变形或不存在，同时机头已经严重损害。

第一节　非滑坡时救援方法

前三种情况下的救援，都需打一个救援煤洞，救援煤洞与事故煤洞平行，截面形状为椭圆形，煤洞宽度为 2.3 m，所留煤柱宽度比原来增加 0.5 m。救援煤洞与事故煤洞要有联络处，联络点之间的距离以 10～20 m 为宜。在机头停止的位置和其他出事故的位置必须有联络的巷道。联络巷道采用人力施工，救援巷道的长度要比事故煤洞略长，救援人员可以进入救援煤洞。在人员进入巷道之前要详细检查救援巷道内部有害气体的浓度，一旦发现救援巷道有害气体浓度超标，立即撤出全部人员，采用局部通风的方法，强行通风，直到救援巷道有害气体浓度远小于临界值为止。

一、机头断电救援

救援人员通过救援煤洞和联络巷道到达机头处，对机头断电原因进行检查，如能简单处理，则使机头连同胶带输送机一起正常工作或退出煤洞；如不能简单处理，先将胶带拉出洞外，再将机头分解后分几次拉出洞外。

如果发生机头断电事故，且不能简单处理，先将机头与胶带机连接处断开，在外力的作用下，将胶带拉出煤洞，这个外力可以是露天采煤机携带的绞车，也可以是矿山的装载机，也可能是二者合在一起。将胶带机拉出后，有的机头供电线路已断，需要重新拉线供上机头电力。这时如果不能通过简单维修解除机头断电事故，需要将机头运出煤洞，详加检查或处理。

机头重往往四五十吨，将机头整体从煤洞中拉出的设备一般露天矿没有，需将机头解体后分别拉出。可将露天采煤机机头分为以下几大部分：工作装置、行走装置及机身，如果行走装置及机身还大，需要进一步分解。

第二次拉出的应是机身和行走装置，这时要先松开机器的制动装置，使机器的闸松开，制动装置如果不松开外力是无法拉动设备的。拉出机器的钢丝绳用救援机器送进。

第三次拉出的是工作装置。为防止工作装置向外拉动时打横，卡在洞壁上，工作人员在连接工作装置与钢丝绳时要特别小心，尽量使工作装置的重心在钢丝绳的延长线上。工作装置的滚筒是可以转动的，要充分运用这一点节省拉力。

无论什么原因造成的机头断电，在重新组装时，都要经过反复试验，确保不发生类似事故。

每次救援以后都要留下清晰的档案，详细记述事故发生的原因、时间、地点，排除事故采用的措施，以便在以后的维修、养护中引起人们的借鉴。

二、机头行走装置发生故障救援

如果机头的行走装置发生故障，机器既不能前进也不能退出，这也是采煤机发生事故的一种。设备的维修人员要通过救援煤洞和巷道到达机头位置，先在洞内进行简单的修理，如果修理好，根据机器的状态决定是退出煤洞还是继续工作，如果是根治了，采煤机可以继续工作，如果没能根治，还需对设备进行详细检查，就先将设备退出洞外，在洞外详细检查更换老化元件，使机器完好如初再进洞工作。

如果简单维修不能排除故障，机器无法正常工作和正常退出，需要在洞外详细检查和修理，必须将设备解体，分步将设备拉出，其方法同上。

三、煤洞出现冒顶或底鼓事故救援

在露天采煤机工作过程中，这种事故是最常见的，机器本身没有任何故障，但是运输煤洞发生严重变形，使机器无法前进或后退。

造成煤洞发生冒顶现象的原因很多，最主要的是由于煤层顶板岩石强度偏小造成的，顶部岩石的强度小于煤洞要求的强度，也就是说在这种情况下，煤洞宽度偏宽，特别是在发生地质构造的地方如正断层等。

冒顶的救援过程为：根据冒顶发生的地点采用不同的方法，救援人员通过救援煤洞和联络巷道进入冒顶处，人工清理冒落岩石。如果冒顶处离洞口较远，清理后的冒落岩体不易搬出洞外，可将冒落岩体堆放在救援煤洞顶端，有几处冒顶就清理几处，直到将冒落岩体清理完为止，这时机头带动机身逐步退出煤洞。采矿工作者要深入研究矿山的具体情况，如果不适宜露天采煤机工作，则撤出人员设备；如果是因为洞宽太大造成的，换一台洞宽较小的露天采煤机重新工作。

消除冒顶或底鼓现象可采用以下措施：

(1) 缩小煤层洞宽。当露天采煤机洞宽偏大时，就容易发生冒顶现象。采洞上部岩体的强度与洞宽的平方成一定比例，比如洞宽为 3.5 m 的采洞的岩体强度是洞宽为 2.7 m 的采洞的岩体强度的 1.68 倍($3.5^2/2.7^2$)时，二者具有相同的稳定条件。露天采煤机采煤往往是在采深较浅、煤层顶底板岩体强度较小的条件下进行，预防冒顶、底鼓的最有效措施就是缩小采煤洞宽度。

(2) 改变煤洞断面形状。在一般露天采煤机工作的情况下，断面形状均为矩形，该种形状对防止冒顶、底鼓现象极为不利，采用拱形断面形状就是为了增大煤洞抗压强度。当然，当断面形状变为拱形后，会出现矸石增多现象，这就需要选煤工人加倍工作来消除这种现象。

(3) 底鼓现象往往是由于底板岩石强度偏小或采洞宽度偏大造成的,增加底板岩石强度是不可能的,缩小煤洞宽度是可以办到的,在容易发生底鼓的煤矿采用洞宽较小的露天采煤机。

第二节　滑坡时救援方法

当露天矿边帮发生滑坡,而露天采煤机恰好在滑坡区工作时,其实救援已无意义。露天采煤机的救援工作要和边帮清理工作结合进行,当边坡清理工作到达露天采煤机所在位置时,顺便将露天采煤机分解吊出。在此之前要标明露天采煤机所在位置,此时的露天采煤机多半已经砸坏,吊出后必须经过严格的检修。当救援边帮滑坡的采煤机非常困难时,也可暂时停止救援。

露天矿边帮发生滑坡是有很多预兆的,虽然已经发生滑坡,救援露天采煤机已无多大意义,但是预防边帮滑坡,及时撤出露天采煤机,还是非常有意义的。一台连采机机头的露天采煤机购买新机需要 1 200 万元左右,发生滑坡砸坏后,修复很困难,有时甚至没有修复价值。

预防设备在滑坡区的方法有以下几种:

(1) 当支护杆件的支杆、联杆、顶杆之一发生断裂时,露天采煤机的操作者不需得到主管部门的批准,有权将设备和人员撤离危险区。支护杆件的支杆、联杆、顶杆本身就有安全报警作用,在制造时它们的粗度比主杆要小 10%～20%,支护能力也小 10%～20%,这些杆发生断裂,本身就预示着支护失效,露天矿将要发生滑坡事故。联杆的方向虽然与边帮方向一致,但它所承受的应力是拉应力而不是压应力,混凝土材料抗拉强度远小于抗压强度,尽管它的配筋比支杆、叉杆多一倍,但是它被拉断的可能性还是很大的。

(2) 要加强巡查工作。不论是雨天还是正常天气,露天采煤机工作前必须对它的工作范围进行巡查,如果发现出现裂缝或裂缝变大,要及时汇报,在雨天要增加巡查次数和范围,统计表明,大多数滑坡发生在雨后或雨中。

(3) 要坚持先上后下的原则。先开采上部煤层后开采下部煤层是露天采煤机工作的重要原则之一,尤其在两层煤相距较近时更为重要。当相邻两层煤相距大于 30 m 时,可以不遵守这一原则。露天采煤机工作点离洞口常在几百米之外,相邻两层煤在洞口处不相交,但在几百米外就不能保证了,所以必须坚持先上后下的原则,才能保证后开采煤层时采煤机不掉下采空区。

(4) 在两层煤相距较近的情况下必须使煤洞和煤柱对齐,保证上层煤的煤柱不在下层煤的采空区上面,这样两层煤的上下煤洞宽度和上下煤柱宽度必须一致。

(5) 露天采煤机尽量在工作帮一侧工作,而不在内排土场一侧工作。工作帮一侧的岩石未经开采比较坚固,而内排土场一侧的岩石比较松软,支撑力也小于工作帮一侧,发生滑坡的可能性较大。

不论哪种方式救援出的露天采煤机,都需要经过严格检修后才能投入新的工地,都需要总结经验教训,在以后的工作中不发生或少发生类似事故。

第十章　露天采煤机工作的安全措施

露天采煤机工作安全是最重要的，露天矿生产时刻要把安全放在第一位。露天采煤机工作介于露天开采与井工开采之间，井工开采所有的危险它都存在，另外还多两方面危险：露天开采深度较浅，基本处于浅层地压出现的范围内，当井工矿山采到这个范围之后，往往不继续开采，严防浅层地压发生造成事故；露天开采还存在着边帮稳定问题，一旦发生滑坡事故，其下的巷道、设备、人员将无一幸免。制定露天采煤机作业安全措施，是必须要进行的，本书特制定安全措施如下，如在工作过程中发现新的问题，将对此安全措施进行补充修改：

(1) 在任何情况下，任何人不得擅自进入煤洞，必要时为防止矿外人员、牲畜进洞躲避风雨，可将采完的洞口进行封闭。

(2) 在露天采煤机发生救援时，救援人员可以进入救援煤洞、联络巷和工作煤洞，但进入的时间和活动范围要有明确的规定。救援人员进入煤洞之前，必须获得主管部门的书面批准。

(3) 救援人员进入煤洞之前，必须先测定煤洞有害气体的浓度，当有害气体的浓度超过规定值时，必须先通风，将有害气体的浓度降低到规定值以下，救援人员方可进入洞内作业。

(4) 救援煤洞和事故煤洞应当设有通风系统，最少也应有局部通风机通风，不能依靠煤洞自然通风。

(5) 露天采煤机工作时应对露天矿边帮进行预加固，支护杆件的尺寸、质地要严格按设计施工，支护杆件系统根据工作环境的不同可采用双侧加固、单侧加固和小加固。

(6) 当支护杆件的支杆、联杆、顶杆之一发生断裂时，露天采煤机的操作者不需得到主管部门的批准，有权将设备和人员撤离危险区。支护杆件的支杆、联杆、顶杆本身就有安全报警作用，在制造时它们的粗度比主杆要小 10%～20%，支护能力也小 10%～20%，这些杆发生断裂，本身就预示着支护要失效，露天矿将要发生滑坡事故。联杆的方向虽然与边帮方向一致，但它所承受的应力是拉应力而不是压应力，混凝土材料抗拉强度远小于抗压强度，尽管它的配筋比支杆、叉杆多一倍，但是它被拉断的可能性还是很大的。

(7) 要加强巡查工作。不论是雨天还是正常天气，露天采煤机工作前必须对它的工作范围进行巡查，如果发现出现裂缝或裂缝变大，要及时汇报，在雨天要增加巡查次数和范围，统计表明，大多数滑坡发生在雨后或雨中。

(8) 要坚持先上后下的原则。先开采上部煤层后开采下部煤层是露天采煤机重要的原则之一，尤其在两层煤相距较近时更为重要。当相邻两层煤相距大于 30 m 时，可以不遵守这一原则。露天采煤机工作点离洞口常在几百米之外，相邻两层煤在洞口处不相交，但在几百米外就不能保证了，所以必须坚持先上后下的原则，才能使采煤机不在后开采的煤层中掉下采空区。

(9) 在两层煤相距较近的情况下必须使煤洞和煤柱对齐，保证上层煤的煤柱不在下层煤的采空区上面，这样两层煤的上下煤洞宽度和上下煤柱宽度必须一致。

(10) 露天采煤机尽量在工作帮一侧工作，而不在内排土场一侧工作。工作帮一侧的岩石未经开采比较坚固，而内排土场一侧的岩石比较松软，支撑力也小于工作帮一侧，发生滑坡的可能性较大。

(11) 工作面采用封堵防灭火措施。煤洞回收完毕后，必要时煤洞采用露天矿剥离物封堵，可由卡车在上部台阶排土后由下方作业平盘上的推土机或者装载机封堵矿洞，防止煤层自燃及人员进入。胶带输送机和电缆采用阻燃橡胶。

(12) 露天采煤机与台阶接触处必须设有防护棚，以保护露天采煤机工作时上部掉下来的土岩砸伤工作人员和设备。防护棚的形状各异，但必须有足够强度能起到保护作用。

(13) 根据回收工艺，确定工作面开口处最少采用 3 个及以上三角形支护单体组合支护，支护长度在 4.5 m 以上(每个支护单体高 2.5 m，平面形状为等腰直角三角形，直角边长为 3.0 m，3 个单体长边为 4.5 m，短边为 3 m)。

(14) 根据回收工艺确定采用露天矿边坡监测方法对边坡进行监测，成立专门边坡监测机构，加密监测线及监测频率，委托科研单位对监测结果进行分析评估。监测地方的重点是露天采煤机正在施工的地点，监测频率不少于一天一次，阴雨天增加监测次数。

(15) 在边帮采煤时，建议所有边帮在露天作业时采用光面爆破或预裂爆破以保证边帮的完整性。

(16) 根据作业环境确定采用强排水措施，与露天矿防排水统筹考虑。正常情况下边帮采煤没有水或只有少量水由岩煤洞流出。

(17) 露天采煤机工作时要求有最小安全工作平盘宽度 35 m。安全平盘设在洞外，在煤洞的上方应有不小于 5 m 宽的顶上平台，以备安全杆件的安装，防止岩块直接掉入安全平台。回收作业平盘 30 m 范围内设警戒线，防止其他人员进入。机器的操作人员在室内操作，控制室设在未进行采煤机作业的一侧。

(18) 在上台阶作业的卡车，在矿洞上部装载剥离物后，要注意洞穴的安全。作业前应由有经验的司机进行测试并作出安全规定，试验中应采取安全措施，如在道路上铺设安全钢板、设安全索保护等。

(19) 回收中严格按设计参数和工作平盘规格进行作业；设备机组人员必须严格按照设备操作规程使用设备。

(20) 采煤机的掘进、截割等部件必须定期检查，如发现有破损不宜作业时，应及时更换。炎热季节应经常检查电机和轴承的热度，使其不超过允许温度。

(21) 采煤机为大型设备，设备功率大，内部电路、油路布设复杂，因此应经常检查可能发生的管路漏油、电路短路现象。洞外应配备灭火器，以防万一。

(22) 设备调动，尤其是采煤机掘进下一个矿洞行走时，预先应对行走路线的技术条件进行检查，并有专人指挥，主要机械部件应保持正确位置，以保证设备正常运行。

(23) 在回收过程中，应对采掘场两侧及非工作帮侧暴露煤层适时洒水增湿以防煤层自然发火，并严格按照露天矿进度计划在采煤机回采后及时封堵洞口。

(24) 采煤机设备、电力和通信系统的设计、安装、验收、运行、检修等工作，必须符合国家标准。裸露供电设备均设保护罩，并可靠接地。高低压配电线要装有防漏电防护，对过电压设备皆设避雷装置进行防范。通信设备及设施，除设有安全接地装置外，还应加设避雷保护装置，以保证用电设备和人员的安全。

(25) 对冬季漫长而寒冷的地区，在露天矿冬季采煤过程中，要为生产工人配备必要的防寒劳保用品，对各种设备应及时更换冬季机油，加防冻液，必要时增加发动机保温措施。合理安排工作时间，出现较恶劣气温条件时，高强度作业人员应暂停工作，避开极端气温时间段，或减少工作时间。

(26) 露天采煤机工作过程中由于滑坡、爆破、交通事故等造成的人员伤亡，露天矿应设专门急救，配备必要的医护人员，对事故中的伤病员进行现场急救。

(27) 露天煤矿生产和采煤机配合作业，露天采煤机作业区与煤矿露天生产区之间密切配合，保证煤矿的生产作业安全。煤矿在生产过程中应合理排序作业工期，保证露天煤矿生产和边帮采煤的工作效率。